多维有限元逐点超收敛分析

刘经洪 著

科学出版社

北 京

内 容 简 介

本书介绍了作者和国内外同行在多维有限元超收敛领域中取得的研究成果，书中绝大部分内容是作者及其合作者十几年来在该领域的研究所得. 本书主要内容基于"离散格林函数——两个基本估计"这一框架，以多维投影型插值算子和权函数为主要分析工具，深入系统地研究了多维有限元的逐点超收敛理论. 本书中的研究方法和成果可以运用到多维发展型偏微分(或积分-微分)方程的超收敛研究中.

本书可供高等学校的计算数学、计算物理和计算力学等专业的师生以及从事科学与工程计算的工程技术人员参考.

图书在版编目(CIP)数据

多维有限元逐点超收敛分析/刘经洪著. —北京: 科学出版社, 2019.7
ISBN 978-7-03-059427-3

Ⅰ. ①多… Ⅱ. ①刘… Ⅲ. ①逐点法-超收敛-多维分析-有限元分析 Ⅳ. ①O173.1

中国版本图书馆 CIP 数据核字 (2018) 第 253986 号

责任编辑: 胡庆家 李 萍 / 责任校对: 杜子昂
责任印制: 吴兆东 / 封面设计: 陈 敬

科 学 出 版 社 出版
北京东黄城根北街 16 号
邮政编码: 100717
http://www.sciencep.com

北京凌奇印刷有限责任公司 印刷
科学出版社发行 各地新华书店经销
*

2019 年 7 月第 一 版 开本: 720×1000 B5
2021 年 1 月第三次印刷 印张: 10 1/4
字数: 210 000

定价: 78.00 元
(如有印装质量问题, 我社负责调换)

前　言

有限元方法是解偏微分方程的一种行之有效的数值方法, 广泛应用于科学与工程计算各领域, 然而它又受到计算机的制约. 对于多维问题, 即使采用世界上最先进的计算机也不可能计算. 例如, 国际数值分析家 I.Babuska 曾向朱起定教授提出了一个简单的六维问题, 为保证最低的精度, 用银河亿次计算机计算也需耗时 34 年之多, 这便是所谓的 "多维烦恼". 事实上, 有限元方法只是推广的 Rayleigh-Ritz-Galerkin 方法, 试探函数是分片多项式, 随着网格的加密和多项式次数的提高, 有限元方法产生的代数方程组的未知数的个数将按几何级数急剧增加, 计算机技术发展的速度是不可能赶上有限元对它的需求的.

在科学与工程计算中, 需要解决的往往都是三维问题. 假设 h 为三维区域的网格尺寸, 则用有限元方法计算的未知量的个数为 $O(h^{-3})$, 即使 h 很大, 其存储量和计算量也相当惊人, 难以在一般的计算机上实现. 为了减少存储和计算量, 三维问题有限元方法的超收敛研究尤为重要, 且更具有实际意义. 例如, 对于三维线性元, 通过超收敛将精度由 $O(h)$ 提高到 $O(h^2)$, 则为了达到百分之一的精度, 一般算法所需的未知量个数为 10^6, 而高精度算法 (具有超收敛性) 所需的未知量个数为 10^3, 由此可见, 超收敛研究对于解决 "多维烦恼" 是很有意义的.

1969 年, Oganesjan-Ruhovets[116] 对一次三角形元 (直角元) 得到一个重要估计 (第一型弱估计)

$$a(u_h - u_I, v) = a(u - u_I, v) = O(h^2)\|u\|_{3,2}\|v\|_{1,2}, \quad \forall v \in S_0^h(\Omega),$$

从而得到

$$\|u_h - u_I\|_{1,2} = O(h^2).$$

后来, 上式被林群等称为超逼近. 尽管 Oganesjan-Ruhovets[116] 没有直接得到逐点的超收敛点, 但开辟了一条研究超收敛的新途径. 通常, 文献 [116] 被认为是超收敛研究的开篇之作. 但这样的工作至少 8 年没有被人注意, 直到 1977 年和 1978 年才由 Zlámal[179] 和陈传淼–朱起定各自独立地发现. 这种方法迅速地在中国开花结果, 逐步形成了一套具有中国特色的超收敛理论 (参见文献 [24, 25, 66, 72, 162]).

此后, 随着超收敛的发展, 超逼近被广泛应用, 其主要用途体现在做逐点超收敛分析 (参见文献 [15, 34, 36, 70, 72—77, 79, 82—85, 93, 94, 121, 123—125, 127,

143, 147, 153—156]) 和超收敛后处理 (如 SPR 处理[166, 167, 169, 170]). 由文献 [116] 可以看出, 超逼近是通过弱估计获得的.

1982 年, 在 "北京中法有限元国际讨论会" 上, 朱起定[154] 把超收敛估计归结为两个基本估计 (弱估计):

$$a(u_h - u_I, v) = a(u - u_I, v) = O(h^r)\|v\|_{1,p}, \quad \forall v \in S_0^h(\Omega), \quad r \geqslant 2, \quad 1 \leqslant p \leqslant 2,$$

$$a(u - u_I, v) = O(h^{r+1})\|v\|'_{2,p}, \quad \forall v \in S_0^h(\Omega), \quad r \geqslant 2, \quad 1 \leqslant p \leqslant 2.$$

利用离散格林函数的基本估计, 妥善地给出了解决逐点超收敛问题的基本框架——"离散格林函数——两个基本估计" 框架.

1983 年, 林群、吕涛、沈树民 (参见文献 [64]) 接受了以上观点, 提出了 "离散格林函数——渐近展开式" 的新框架, 利用一个渐近展开式 (对一次元)

$$a(u - u_I, v) = Ch^2 \int_{\partial\Omega} D^4 uv dx dy + O(h^4)\|v\|_{1,1}, \quad \forall v \in S_0^h(\Omega)$$

和离散格林函数的几个估计解决了有限元外推问题, 从而开创了对有限元的外推等问题的系统研究.

随着超收敛的发展, 对于一维和二维问题, 离散格林函数的估计和两个基本估计 (弱估计) 已为人所知 (参见文献 [25, 162]), 超收敛研究也取得了丰硕的成果. 1981 年, 朱起定[153] 首先得到了二次三角形有限元的第一型弱估计, 1985 年, 朱起定[156] 又首先得到了二次三角形有限元的第二型弱估计, 这为二次三角形有限元的超收敛研究做了开创性的工作. 对于三维及以上的多维有限元问题, 由于多维离散格林函数的估计相当困难, 再加上多维区域的复杂性, 两个弱估计也很难得到, 因而超收敛研究进展很少. 1978 年, Zlámal[180] 考虑了椭圆问题二十自由度二次长方体奇妙族元的超收敛, 这是国际上研究三维问题的第一个超收敛结果. 1980 年, 陈传淼[23] 第一次研究了四面体线元并证明了梯度的超收敛性, 后来 Kantchev-Lazarov[48] 也得到了类似的结果, 当时, 他们并不知道陈的工作. 1989 年, Pehlivanov[117] 猜想在对称点上四面体二次元本身具有 $O(h^4)$ 的精度, 但未给出证明. 1990 年, Goodsell[33] 证明了四面体线元的第一型弱估计, 1994 年, Goodsell[34] 又得到了四面体线元梯度的逐点超收敛. 1996 年, Schatz-Sloan-Wahlbin[122] 证明了在局部点对称网格的结点上四面体二次元本身具有 $O(h^4)$ 的精度. 林群-严宁宁[65, 66] 和陈传淼[24] 均讨论了长方体元的超收敛性, 陈传淼[24] 还讨论了三棱柱元的超收敛性. 最近, Brandts-Křížek[20] 证明了在一致四面体剖分下二次元的梯度在 L^2 意义下具有 $O(h^3)$ 的超逼近. 对于三维混合元, 也有一些超收敛结果 (参见文献 [31, 67]). 除了 Goodsell[34] 外, 上述关于三维问题的超收敛结果均是 L^2 平均意义下或是少数佳点处的超收敛结果. 近年来, 作者将文献 [162] 的第三章推广到多维情形, 系统地研究了多维离散

格林函数理论 (参见第 3 章), 得到了许多好的估计. 例如, 对于三维离散导数格林函数 $\partial_{Z,\ell} G_Z^h$, 作者证明了如下最优阶的 $W^{1,1}$ 和 $W^{2,1}$ 半范估计

$$\left| \partial_{Z,\ell} G_Z^h \right|_{1,1,\Omega} \leqslant C \left| \ln h \right|^{\frac{4}{3}}, \quad \left| \partial_{Z,\ell} G_Z^h \right|_{2,1,\Omega}^{h} \leqslant C h^{-1}.$$

对于三维离散格林函数 G_Z^h, 作者还获得了最优阶的 $W^{2,1}$ 半范估计

$$\left| G_Z^h \right|_{2,1}^{h} \leqslant C \left| \ln h \right|^{\frac{2}{3}}.$$

对于四至六维离散格林函数和离散导数格林函数, 作者也获得了相应半范的最优阶估计, 进而结合弱估计, 获得了四至六维有限元的逐点超收敛估计. 然而, 对于七维及以上的高维离散格林函数和离散导数格林函数, 作者目前还没有获得很好的估计, 以至于还无法利用它们研究有限元的逐点超收敛性.

作者利用投影型插值算子理论和单元合并技术, 详细讨论了几种常用三维有限元 (包括长方体元、四面体元和三棱柱元) 的弱估计. 结合三维离散格林函数和离散导数格林函数的估计, 作者对上述三维有限元解位移和梯度的最大模逼近作了分析, 均获得了高精度的逐点意义下的超逼近结果, 甚至是强超逼近结果[73]. 对于四至六维有限元问题, 利用相应离散格林函数和离散导数格林函数的最优阶估计以及弱估计, 作者也获得了有限元的逐点超逼近估计 (参见第 4 章). 综上所述, 本书仍然采用解决逐点超收敛问题的基本框架 (离散格林函数 —— 两个基本估计) 进行分析.

有限元超收敛理论的另一个重要内容就是如何构造有限元后处理算子从而获得比有限元解本身和它的导数精度更高的近似解, 这就是所谓的超收敛后处理问题. 通常的后处理技术有平均技术、插值技术、外推技术和 SPR 技术, 本书将在第 4 章针对三维有限元的超收敛后处理技术做一个简单的介绍. 此外, 本书还将讨论三维有限元的局部估计和局部超收敛估计 (参见第 6 章), 尽管 Schatz-Sloan-Wahlbin[122] 与 Wahlbin[128] 已经讨论了这部分内容, 但本书将采用 "极限过渡" 的思想[162] 重新讨论这些内容. 本书不仅获得了类似于文献 [122] 和 [128] 中的结果, 还导出了文献 [122] 和 [128] 中没有的局部逐点超收敛估计. 在这部分内容的研究中本书用到的最重要的分析工具就是三维格林函数的估计 (参见第 5 章), 这类估计正是采用 "极限过渡" 的思想得到的.

本书的主要内容取自作者及合作者十几年来在这一领域的研究成果. 特别需要指出的是, 作者的许多研究成果得益于与湖南师范大学朱起定教授的学术交流与合作. 在此, 作者向朱起定教授和其他合作者表示感谢. 作者还要对家人的关心和支持表示感谢. 本书的出版是在科学出版社胡庆家编辑的关心和帮助下完成的, 作者在此向胡庆家编辑表示感谢.

　　本书的众多研究成果是在国家自然科学基金、浙江省自然科学基金、宁波市自然科学基金的资助下取得的, 作者对这些基金的资助表示感谢. 本书的出版还得到了海南省自然科学基金项目 (119MS038) 和海南师范大学博士点专项项目的资助, 在此也一并表示感谢.

　　由于作者水平有限, 本书部分结果还有待完善, 书中不妥之处在所难免, 敬请读者批评指正.

刘经洪

2019 年 6 月于海口

海南师范大学

目　录

第 1 章 预 备 知 识

本章主要介绍本书要讨论的模型问题及用到的记号、概念和基本定理.

1.1 常 用 记 号

设 $\Omega \in R^d$(d 维欧氏空间) 为一有界开域, 我们规定:

$P_m(\Omega) : \Omega$ 上的完全 m 次多项式空间;

$Q_m(\Omega)(d = 2) : \Omega$ 上的双 m 次多项式空间;

$T_m(\Omega) : \Omega$ 上的张量积 m 次多项式空间;

$T_m^n(\Omega) : \Omega$ 上的 n 自由度 m 次多项式空间;

$C(\Omega) : \Omega$ 上的全体连续函数的集合;

$C(\bar{\Omega}) : \Omega$ 的闭包上的全体连续函数的集合, 它按范数 $\|u\|_C = \max\limits_{X \in \bar{\Omega}} |u(X)|$ 构成
一个 Banach 空间;

$C^m(\Omega) : \Omega$ 上直到 m 次导数连续的函数的集合;

$C^\infty(\Omega) : \Omega$ 上无限次可微的函数的集合;

$C_0^\infty(\Omega) = \{u \in C^\infty(\Omega) : \mathrm{supp}u$ 在 Ω 中紧$\}$, 其中 $\mathrm{supp}u = \overline{\{X \in \Omega : u(X) \neq 0\}}$;

$C^m(\bar{\Omega}) : \Omega$ 的闭包上的直到 m 次导数连续的函数的集合, 它按范数

$$\|u\|_{C^m} = \max_{|\alpha| \leqslant m} \max_{X \in \bar{\Omega}} |D^\alpha u(X)|$$

构成一个 Banach 空间;

$L^p(\Omega)(1 \leqslant p < \infty) : \Omega$ 上全体 p 次绝对可积的 Lebesgue 可测函数的集合, 它
按范数

$$\|u\|_{0, p, \Omega} = \left(\int_\Omega |u(X)|^p \, dX \right)^{\frac{1}{p}}$$

构成一个 Banach 空间;

$L^\infty(\Omega) : \Omega$ 上全体本质有界的可测函数的集合, 它按范数

$$\|u\|_{0, \infty, \Omega} = \inf_{\mathrm{meas}(E)=0} \sup_{X \in \Omega \setminus E} |u(X)|$$

构成一个 Banach 空间.

下面是与导数有关的几个记号及其他记号.

(1) $u(X)$ 的 k 阶偏导数:

$$\partial_{x_i}^k u(X) = \frac{\partial^k u}{\partial x_i^k}, \quad X = (x_1, x_2, \cdots, x_d), \quad k \text{ 为非负整数}.$$

(2) $u(X)$ 的 α 阶分布导数:

$$D^\alpha u(X) = \frac{\partial^{|\alpha|} u}{\partial x_1^{\alpha_1} \partial x_2^{\alpha_2} \cdots \partial x_d^{\alpha_d}} = \partial_{x_1}^{\alpha_1} \partial_{x_2}^{\alpha_2} \cdots \partial_{x_d}^{\alpha_d} u(X),$$

其中, $X = (x_1, x_2, \cdots, x_d)$, $\alpha = (\alpha_1, \alpha_2, \cdots, \alpha_d)$ 为重指标, $|\alpha| = \alpha_1 + \alpha_2 + \cdots + \alpha_d$.

(3) $u(X)$ 的 k 阶导数的张量: $\nabla^k u(X)$, k 为非负整数, 且

$$\left| \nabla^k u(X) \right|^2 = \sum_{|\alpha|=k} \left| D^\alpha u(X) \right|^2.$$

(4) $u(X)$ 的 k 阶 Fréchet 导数: $D^k u(X)$, k 为非负整数, 这里 $D^k u(X)$ 表示一个从 k 重乘积空间 $R^d \times R^d \times \cdots \times R^d$ 到 R 的 k 线性映射

$$D^k u(X)(\xi_1, \xi_2, \cdots, \xi_k) = \prod_{i=1}^{k} \sum_{j=1}^{d} \xi_j^{(i)} \partial_j u(X),$$

其中 $\xi_i = (\xi_1^{(i)}, \xi_2^{(i)}, \cdots, \xi_d^{(i)})^{\mathrm{T}} \in R^d, i = 1, 2, \cdots, k$.

(5) $u(X)$ 的 k 阶原函数: $D^{-k} u(X)$, k 为非负整数.

(6) $X^\alpha = x_1^{\alpha_1} x_2^{\alpha_2} \cdots x_d^{\alpha_d}$: $X = (x_1, x_2, \cdots, x_d) \in \Omega \subset R^d$, $\alpha = (\alpha_1, \alpha_2, \cdots, \alpha_d)$ 为重指标.

(7) 通常用 p' 表示 $1 \leqslant p \leqslant \infty$ 的共轭数, 即满足 $\dfrac{1}{p} + \dfrac{1}{p'} = 1$ 的数 p'.

(8) 用 C 表示与 Sobolev 空间中的函数、剖分的单元及网格大小 h 均无关的正常数.

1.2   Sobolev 空间及其基本定理

用 $W^{m,p}(\Omega)$ 表示通常的 Sobolev 空间, 即

$$W^{m,p}(\Omega) = \{v : D^\alpha v \in L^p(\Omega), |\alpha| \leqslant m\},$$

其中 $m \geqslant 0$ 为整数, $\alpha = (\alpha_1, \alpha_2, \cdots, \alpha_d)$ 为重指标, $|\alpha| = \alpha_1 + \alpha_2 + \cdots + \alpha_d$, $D^\alpha v$ 为 v 的分布导数, $1 \leqslant p \leqslant \infty$.

这个空间依范数

$$\|v\|_{m,p,\Omega} = \left(\sum_{|\alpha| \leqslant m} \int_\Omega |D^\alpha v|^p \, dX \right)^{\frac{1}{p}}, \quad 1 \leqslant p < \infty,$$

$$\|v\|_{m,\infty,\Omega} = \max_{|\alpha| \leqslant m} \inf_{\mathrm{meas}(E)=0} \sup_{\Omega \setminus E} |D^\alpha v(X)|, \quad p = \infty$$

构成一个 Banach 空间. 此外, 对于这个空间, 还有下面的半范:

$$|v|_{m,p,\Omega} = \left(\sum_{|\alpha| = m} \int_\Omega |D^\alpha v|^p \, dX \right)^{\frac{1}{p}}, \quad 1 \leqslant p < \infty,$$

$$|v|_{m,\infty,\Omega} = \max_{|\alpha| = m} \inf_{\mathrm{meas}(E)=0} \sup_{\Omega \setminus E} |D^\alpha v(X)|, \quad p = \infty.$$

$C_0^\infty(\Omega)$ 按范数 $\|\cdot\|_{m,p,\Omega}$ 的闭包记为 $W_0^{m,p}(\Omega)$, 显然

$$W_0^{m,p}(\Omega) \subset W^{m,p}(\Omega).$$

我们还简记

$$H^m(\Omega) = W^{m,2}(\Omega), \quad \|\cdot\|_{m,\Omega} = \|\cdot\|_{m,2,\Omega},$$

$$H_0^m(\Omega) = W_0^{m,2}(\Omega), \quad |\cdot|_{m,\Omega} = |\cdot|_{m,2,\Omega}.$$

显然, $H^m(\Omega)$ 和 $H_0^m(\Omega)$ 依范数 $\|\cdot\|_{m,\Omega}$ 构成 Hilbert 空间. 在不致混淆的情况下, 我们也把上面的范数和半范记为

$$\|\cdot\|_{m,p}, \quad |\cdot|_{m,p}, \quad \|\cdot\|_m, \quad |\cdot|_m, \quad \|\cdot\|_{m,\infty}, \quad |\cdot|_{m,\infty}.$$

设 $X_0 \in \Omega$, 如果对任何 $X \in \Omega$, 连线 $X_0 X \subset \Omega$, 称 Ω 关于 X_0 是星形的. 于是我们有如下定理[1].

定理 1.1 (Sobolev 积分恒等式) 设 $\Omega \subset R^d$ 为有界开域, 且存在闭球 $S \subset \Omega$, 使得 Ω 关于 S 中每一点都是星形的, $u \in C^m(\Omega)$, 那么 $u(X)$ 可以表示成如下形式:

$$u(X) = \sum_{|\alpha| \leqslant m-1} l_\alpha(u) X^\alpha + \int_\Omega \frac{1}{r^{n-m}} \sum_{|\alpha| = m} Q_\alpha(X, Y) D^\alpha u(Y) \, dY,$$

其中, $l_\alpha(u)$ 是 $C^m(\Omega)$ 上的线性泛函:

$$l_\alpha(u) = \int_\Omega \zeta_\alpha(Y) u(Y) \, dY,$$

而 $\zeta_\alpha(Y)$, $|\alpha| \leqslant m - 1$ 是 Y 的连续有界函数, $Q_\alpha(X, Y)$, $|\alpha| = m$ 是 X 和 Y 的有界的无限次可微函数. 此外

$$r = |X - Y| = \left(\sum_{j=1}^{d} |x_j - y_j|^2\right)^{\frac{1}{2}}, \quad X = (x_1, x_2, \cdots, x_d), \quad Y = (y_1, y_2, \cdots, y_d) \in \Omega.$$

定理 1.2 (Sobolev 嵌入定理)　对所有整数 $m \geqslant 0$ 和所有的 $p \in [1, \infty]$, 有

$$W^{m,p}(\Omega) \hookrightarrow L^{p^*}(\Omega), \ \frac{1}{p^*} = \frac{1}{p} - \frac{m}{d}, \ \text{如} \ mp < d;$$

$$W^{m,p}(\Omega) \hookrightarrow L^q(\Omega), \ \forall q \in [1, \infty), \ \text{如} \ mp = d;$$

$$W^{m,p}(\Omega) \hookrightarrow_c L^q(\Omega), \ \forall q \in [1, p^*], \ \frac{1}{p^*} = \frac{1}{p} - \frac{m}{d}, \ \text{如} \ mp < d;$$

$$W^{m,p}(\Omega) \hookrightarrow_c L^q(\Omega), \ \forall q \in [1, \infty), \ \text{如} \ mp = d;$$

$$W^{m,p}(\Omega) \hookrightarrow_c C(\bar{\Omega}), \ \text{如} \ mp > d.$$

定理 1.3 (Bramble-Hilbert 引理)　设 Ω 为具有 Lipschitz 连续边界的 R^d 中的开子集, f 为空间 $W^{k+1,p}(\Omega)$, $1 \leqslant p \leqslant \infty$ 上的连续线性泛函, 且

$$f(p) = 0, \quad \forall p \in P_k(\Omega),$$

则存在一个常数 $C = C(k, p, \Omega)$, 使得

$$|f(u)| \leqslant C \|f\|^* |u|_{k+1, p, \Omega}, \quad u \in W^{k+1, p}(\Omega),$$

其中, $\|\cdot\|^*$ 为对偶空间 $\left(W^{k+1,p}(\Omega)\right)^*$ 上的范数.

定理 1.4 (Lax-Milgram 定理)　设 $(V, \|\cdot\|)$ 是一个 Hilbert 空间, $a(\cdot, \cdot): V \times V \to R$ 是双线性型, $f: V \to R$ 是线性型, 并假定

(1) 双线性型 $a(\cdot, \cdot)$ 是连续的, 即存在常数 $M > 0$, 使得

$$|a(u, v)| \leqslant M\|u\|\|v\|, \quad \forall u, v \in V;$$

(2) 双线性型 $a(\cdot, \cdot)$ 是 V 椭圆的, 即存在常数 $\alpha > 0$, 使得

$$\alpha\|v\|^2 \leqslant a(v, v), \quad \forall v \in V;$$

(3) 线性型 f 是连续的,
则抽象变分问题: 找一个元 $u \in V$, 使得

$$a(u, v) = f(v), \quad \forall v \in V$$

有且仅有一个解.

定理 1.5 (L^p 先验估计)[38] 设 $\mathcal{L}$ 为一般的二阶椭圆算子, $\Omega \in R^d$ 为角域, 则存在与最大内角有关的常数 $1 < q_0 \leqslant \infty$, 使得对任何 $1 < p < q_0$, 有

$$\|u\|_{2,p,\Omega} \leqslant C(p) \|\mathcal{L}u\|_{0,p,\Omega}, \quad \forall u \in W^{2,p}(\Omega) \cap W_0^{1,p}(\Omega).$$

如果 Ω 非角域, 且边界 $\partial\Omega$ 足够光滑, k 为非负整数, 则

$$\|u\|_{k+2,p,\Omega} \leqslant C(p) \|\mathcal{L}u\|_{k,p,\Omega}, \quad \forall u \in W^{k+2,p}(\Omega) \cap W_0^{1,p}(\Omega).$$

最后, 介绍几个 Sobolev 空间中常用的不等式.

Poincaré不等式 设 $\Omega \subset R^d$ 为有界区域, $\Gamma \subset \partial\Omega$, $\operatorname{meas}(\Gamma) > 0$, 则存在常数 C, 使得

$$\|u\|_{1,p} \leqslant C \left(|u|_{1,p} + \left| \int_\Gamma u ds \right| \right), \quad u \in W^{1,p}(\Omega), \quad 1 \leqslant p \leqslant \infty.$$

特别, 当 $u \in W_0^{1,p}(\Omega)$ 时, 有

$$\|u\|_{1,p} \leqslant C |u|_{1,p}, \quad 1 \leqslant p \leqslant \infty.$$

内插不等式[2, 11] 设 $\Omega \subset R^d$ 为有界区域, 边界 $\partial\Omega$ 是 Lipschitz 连续的, $k = s(1-\theta) + m\theta, 0 \leqslant \theta \leqslant 1, 0 \leqslant s \leqslant m$, 则存在常数 C, 使得

$$\|u\|_k \leqslant C \|u\|_s^{1-\theta} \|u\|_m^\theta, \quad u \in H^m(\Omega),$$

此外, 设 $1 < p \leqslant q < \infty, \alpha = \dfrac{d}{p} - \dfrac{d}{q} \leqslant 1$, 则有

$$\|u\|_{0,q} \leqslant C \|u\|_{0,p}^{1-\alpha} \|u\|_{1,p}^\alpha, \quad u \in W^{1,p}(\Omega).$$

1.3 有限元空间及其几个重要定理

1.3.1 模型问题与有限元逼近

设 $\Omega \subset R^d$ 为有界多角形区域或光滑区域, 本书讨论下面的模型问题:

$$\begin{cases} \mathcal{L}u \equiv -\displaystyle\sum_{i,j=1}^d \partial_j(a_{ij}\partial_i u) + \sum_{j=1}^d b_j \partial_j u + Qu = f, & \text{在}\Omega\text{内}, \\ u = 0, & \text{在边界}\partial\Omega\text{上}, \end{cases} \tag{1.1}$$

其中 $Q \geqslant 0, a_{ij}, b_j$ 均为适当光滑函数且满足一致椭圆条件, 即存在常数 $\sigma > 0$, 使得

$$\sum_{i,j=1}^{d} a_{ij}\xi_i\xi_j \geqslant \sigma \sum_{i=1}^{d} \xi_i^2, \quad \forall(\xi_1, \xi_2, \cdots, \xi_d) \in R^d.$$

一般我们都假定 $a_{ij} = a_{ji}$, 即二次型 $\sum_{i,j=1}^{d} a_{ij}\xi_i\xi_j$ 是对称的.

问题 (1.1) 对应的变分问题是: 找 $u \in H_0^1(\Omega)$, 使得

$$a(u, v) \equiv \int_{\Omega} \left(\sum_{ij=1}^{d} a_{ij}\partial_i u \partial_j v + \sum_{j=1}^{d} b_j \partial_j u v + Quv \right) dX$$
$$= (f, v), \quad \forall v \in H_0^1(\Omega), \tag{1.2}$$

并且问题 (1.1) 还满足正则性条件 (参见 [39]): 存在 $q_0 > 1$, 使对任何 $q \in (1, q_0)$, 映射

$$\mathcal{L}: W^{2,q}(\Omega) \cap W_0^{1,q}(\Omega) \to L^q(\Omega)$$

是一个同胚映射, 即存在常数 $C(q) > 0$, 使得

$$\|u\|_{2,q,\Omega} \leqslant C(q)\|\mathcal{L}u\|_{0,q,\Omega}, \quad \forall u \in W^{2,q}(\Omega) \cap W_0^{1,q}(\Omega).$$

这就是 1.2 节的先验估计.

关于系数 $C(q)$ 和 q_0 有如下一些估计:

当 $d = 2$ 时,

(1) 若 Ω 的边界充分光滑或 Ω 为矩形域, 则 $q_0 = +\infty$, 且

$$C(q) \approx \begin{cases} Cq, & q \approx +\infty, \\ C\dfrac{1}{q-1}, & q \approx 1+0; \end{cases} \tag{1.3}$$

(2) 若 Ω 为角域, $\dfrac{\pi}{\beta}$ 为 Ω 的最大内角, 则

$$q_0 = \begin{cases} \dfrac{2}{2-\beta}, & \beta < 2, \\ +\infty, & \beta \geqslant 2; \end{cases} \tag{1.4}$$

(3) 若 Ω 的边界充分光滑, 则

$$\|u\|_{m+2,q,\Omega} \leqslant C\|\mathcal{L}u\|_{m,q,\Omega}, \quad m \geqslant 0. \tag{1.5}$$

当 $d = 3$ 时,

对于 $\mathcal{L} = -\Delta$ 的 Poisson 方程 $-\Delta u = f$, 其中 $f \in W^{m,q}(\Omega)$. 设 $u \in H_0^1(\Omega)$ 为它的解, 则 $u \in W^{m+2,q}(\Omega)$, $1 < q < q_0$.

若 Ω 为凸角域 (凸多面体), $\dfrac{\pi}{\beta}$ 为 Ω 的边界面的最大二面角, 则

(1) $m = 0$ 时,

$$q_0 = \begin{cases} \dfrac{2}{2-\beta}, & 1 < \beta < 1.2, \\ \dfrac{6}{5 - \sqrt{1+4\beta^2}}, & 1.2 \leqslant \beta < \sqrt{6}, \\ +\infty, & \beta \geqslant \sqrt{6}; \end{cases} \tag{1.6}$$

(2) $m \geqslant 1$ 时,

$$q_0 = \begin{cases} \dfrac{2}{m+2-\beta}, & 1 < \beta < \beta_1, \\ \dfrac{6}{2m+5 - \sqrt{1+4\beta^2}}, & \beta_1 \leqslant \beta < \beta_2, \\ +\infty, & \beta \geqslant \beta_2, \end{cases} \tag{1.7}$$

其中 β_1, β_2 分别是方程 $3\beta - \sqrt{1+4\beta^2} = m+1$ 与 $\sqrt{1+4\beta^2} = 2m+5$ 的正根.

为了离散化问题 (1.2), 我们需要将区域 Ω 进行剖分. 将 Ω 划分为有限多个子域 e, 称这些子域的集合 $\{e\}$ 为 Ω 的一个剖分, 如果满足

(1) 每个 $e \subset \Omega$ 是一个闭的单连通区域, 且具有 Lipschitz 边界;

(2) 任意两个不同单元 e, e' 没有公共的内点, 即 $(e \backslash \partial e) \cap (e' \backslash \partial e') = \varnothing$;

(3) $\cup e = \bar{\Omega}$.

对每个单元 e, 记 $h_e = \mathrm{diam}(e) = \sup\{|X - Y|, X, Y \in e\}$, $h = \max\limits_e \{h_e\}$, $\rho_e = \sup\{\mathrm{diam}(s) : s \subset e$ 为 d 维球$\}$. 为方便起见, 相应的剖分记为 $\mathcal{T}^h$, 即 $\mathcal{T}^h = \{e\}$, 并记 $\mathcal{T} = \{\mathcal{T}^h\}$.

关于剖分我们给出下面四个条件:

(C1) 存在常数 $\sigma > 0$, 使得

$$\forall h > 0, \quad \forall e \in \mathcal{T}^h, \quad h_e / \rho_e \leqslant \sigma;$$

(C2) $h \to 0$;

(C3) 存在与 h 无关的常数 γ, 使 $\max\{h/h_e : e \in \mathcal{T}^h\} \leqslant \gamma$;

(C4) 在四面体剖分下, 有公共直棱的 6 个单元构成 h^2-近似平行六面体, 即它的 6 个侧面都是 h^2-近似平行四边形.

如果满足条件 (C1) 和 (C2), 我们称剖分族 $\mathcal{T}$ 为正规的 (regular family); 如果满足条件 (C1)—(C3), 称剖分族 $\mathcal{T}$ 为拟一致的 (quasi-uniform family); 如果同时满足条件 (C1)—(C4), 称四面体剖分族 $\mathcal{T}$ 为 C 剖分, 也称强正规剖分; 如果对于任意两个单元 e 和 e', 均有 $e \simeq e'$, 则称剖分族 $\mathcal{T}$ 为一致的 (uniform family).

基于某种剖分 $\mathcal{T}^h$, 可以定义相应的有限元空间

$$S^h(\Omega) = \{v \in H^1(\Omega) : v|_e \in P_e, \ \forall e \in \mathcal{T}^h\}, \tag{1.8}$$

特别, 针对问题 (1.2), 有限元空间为

$$S_0^h(\Omega) = \{v \in H_0^1(\Omega) : v|_e \in P_e, \ \forall e \in \mathcal{T}^h\}, \tag{1.9}$$

显然, $S_0^h(\Omega) \subset S^h(\Omega)$. 于是问题 (1.2) 的离散问题为: 找 $u_h \in S_0^h(\Omega)$, 使得

$$a(u_h, v) = (f, v), \quad \forall v \in S_0^h(\Omega). \tag{1.10}$$

显然有下面的 Galerkin 正交关系:

$$a(u - u_h, v) = 0, \quad \forall v \in S_0^h(\Omega). \tag{1.11}$$

一般我们用 V_h 表示有限元空间 $S^h(\Omega)$ 或 $S_0^h(\Omega)$. 本书总假定有限元空间 V_h 是定义在正规剖分、拟一致剖分、强正规剖分或一致剖分上的 $\hat{P}$ 型 Lagrange 型有限元空间, 这里的参考有限元为 $(\hat{e}, \hat{P}, \hat{\Sigma}^\#)$,

$$P_k(\hat{e}) \subset \hat{P} \subset P_r(\hat{e}), \quad 1 \leqslant k < r.$$

由剖分产生的有限元族 $\{(e, P_e, \Sigma_e^\#), e \in \mathcal{T}^h\}$ 均仿射 (等参) 等价于 $(\hat{e}, \hat{P}, \hat{\Sigma}^\#)$, 可见

$$P_e = \{v|_e : v \in V_h\}.$$

对于在剖分 $\mathcal{T}^h$ 上的 k 次有限元空间 V_h, 可以假定如下最佳逼近估计成立: 对任意的 $e \in \mathcal{T}^h$, $1 \leqslant l \leqslant k$, $1 \leqslant p \leqslant +\infty$, 有

$$\inf_{v \in V_h} \{\|u - v\|_{0,p,e} + h\|u - v\|_{1,p,e}\} \leqslant Ch^{l+1}\|u\|_{l+1,p,e}. \tag{1.12}$$

由上式还可得到

$$\inf_{v \in V_h} \{\|u - v\|_{0,p,\Omega} + h\|u - v\|_{1,p,\Omega}\} \leqslant Ch^{l+1}\|u\|_{l+1,p,\Omega}. \tag{1.13}$$

1.3.2 Lagrange 插值算子

对于剖分单元 $e \in T^h$, 令 $N_e = \{Z_i : i = 1, 2, \cdots, s\}$ 为 e 的节点集, 相应的形函数集为 $\Sigma_e = \{\phi_i : i = 1, 2, \cdots, s\}$, 这里 $\phi_i(Z_j) = \delta_{ij}$. 对任意 $v \in P_e$, 自由度为 $\Sigma_e^\# = \{v(Z_i) : i = 1, 2, \cdots, s\}$. 这时称三元集 $(e, P_e, \Sigma_e^\#)$ 为一个 Lagrange 元. 显然,

$$v = \sum_{i=1}^{s} v(Z_i)\phi_i. \tag{1.14}$$

称算子

$$\Pi_e : u \in C(e) \to \sum_{i=1}^{s} u(Z_i)\phi_i \in P_e \tag{1.15}$$

为单元 e 上的 Lagrange 插值算子, 于是

$$\Pi_e u(Z_i) = u(Z_i), \quad \forall u \in C(e); \quad \Pi_e v = v, \quad \forall v \in P_e. \tag{1.16}$$

进一步, 定义整个区域 Ω 上的 Lagrange 插值算子

$$\Pi : C(\Omega) \to V_h, \tag{1.17}$$

该算子满足

$$(\Pi u)|_e = \Pi_e u, \quad \forall u \in C(\Omega). \tag{1.18}$$

称 Πu 或 $\Pi_e u$ 为 u 的 Lagrange 插值.

1.3.3 一维投影型插值算子

设 $d = 1$, 考虑任意的一维单元

$$e = (x_e - h_e, x_e + h_e) \subset \Omega \equiv [a, b],$$

以及空间 $L^2(e)$ 上完备的规范正交多项式系 $\{l_i(x)\}$(Legendre 多项式系):

$$l_0(x) = \sqrt{\frac{1}{2}} h_e^{-\frac{1}{2}},$$

$$l_i(x) = \sigma_i \left(\frac{d}{dx}\right)^i [A(x)]^i, \quad i \geqslant 1,$$

其中,

$$\sigma_i = \sqrt{\frac{2i+1}{2}} \frac{1}{i!} h_e^{-i-\frac{1}{2}} = O(h_e^{-i-\frac{1}{2}}), \quad A(x) = \frac{1}{2}\left[(x - x_e)^2 - h_e^2\right].$$

令

$$\omega_0 = 1,$$

$$\omega_1 = \int_{x_e - h_e}^{x} l_0(x) dx = \sqrt{\frac{1}{2}} h_e^{-\frac{1}{2}} (x - x_e + h_e),$$

$$\omega_{i+1} = \int_{x_e - h_e}^{x} l_i(x) dx = \sigma_i \left(\frac{d}{dx} \right)^{i-1} [A(x)]^i, \quad i \geqslant 1.$$

称 $\{\omega_i(x)\}$ 为 Lobatto 函数系.

函数列 $\{\omega_i(x)\}$ 和 $\{l_i(x)\}$ 有如下性质:

(a) $\omega_i(x_e \pm h_e) = 0$, $i \geqslant 2$;

(b) $\omega_i(x_e - (x - x_e)) = (-1)^i \omega_i(x_e + (x - x_e))$, $i \geqslant 2$;

(c) $(\omega_i, p_m) = 0$, $\forall p_m \in P_m(e)$, $i \geqslant m + 3$;

(d) $(\omega_i, \omega_j) = 0$, $i \neq j$ 且 $|i - j| \neq 2$;

(e) $(l_i, p_n) = 0$, $\forall p_n \in P_n(e)$, $i > n$;

(f) $l_i(x) = O(h_e^{-\frac{1}{2}})$, $(l_i, l_j) = \delta_{ij}$, $\omega_k(x) = O(h_e^{\frac{1}{2}})$, $k \geqslant 1$;

(g) $D^{-s} l_i(x) = O(h_e^{s - \frac{1}{2}})$, $0 \leqslant s \leqslant i$;

(h) $D^{-t} \omega_j(x) = O(h_e^{t + \frac{1}{2}})$, $0 \leqslant t \leqslant j - 2$, $j \geqslant 3$,

其中,

$$(u, v) = \int_e u(x) v(x) dx.$$

设 $u \in H^1(e)$, 则导数 $u' \in L^2(e)$, 于是它可以展开成 Fourier 级数

$$u'(x) = \sum_{i=0}^{\infty} \alpha_i l_i(x), \quad \alpha_i = \int_e u'(x) l_i(x) dx.$$

因而

$$u(x) = \sum_{i=0}^{\infty} \beta_i \omega_i(x),$$

其中,

$$\beta_0 = u(x_e - h_e), \quad \beta_i = \alpha_{i-1}, \quad i \geqslant 1.$$

显然, 当 $i \geqslant 1$ 时,

$$\beta_i = \alpha_{i-1} = (u', l_{i-1}) = (-1)^{i-1} (u^{(i)}, D^{1-i} l_{i-1}) = O(h_e^{i - \frac{3}{2} + \frac{1}{q}}) |u|_{i, p, e},$$

其中, $\dfrac{1}{p} + \dfrac{1}{q} = 1$, $1 \leqslant p \leqslant \infty.$

定义一维 k 次投影型插值算子

$$i_k : H^1(e) \to P_k(e), \quad i_k u(x) = \sum_{i=0}^{k} \beta_i \omega_i(x), \quad \forall x \in e.$$

称 $i_k u$ 为 u 的 k 次投影型插值.

算子 i_k 有如下性质:

(1) $i_k u \in P_k(e)$ 且 $i_k^2 = i_k$;

(2) $i_k u(x_e \pm h_e) = u(x_e \pm h_e)$, 进而有 $i_k : H^1(\Omega) \to V_h$, 这里 V_h 是 Ω 的剖分 $\mathcal{T}^h$ 上的 k 次有限元空间;

(3) $\|i_k u\|_{1,p,\Omega} \leqslant C \|u\|_{1,p,\Omega}$, $1 < p \leqslant \infty$, $\forall u \in W^{1,p}(\Omega)$;

(4) $i_k u = u$, $\forall u \in P_k(e)$;

(5) $\beta_i = \beta_i(u) = 0$, $\forall u \in P_{i-1}(e)$, $i \geqslant 1$;

(6) 存在常数 $C > 0$, 使得

$$\|u - i_k u\|_{m,q,e} \leqslant C h^{k+1-m} |u|_{k+1,q,e}, \quad \forall u \in W^{k+1,q}(e), \quad 1 \leqslant q \leqslant \infty, \quad m = 0,1;$$

(7) 存在常数 $C > 0$, 使得

$$\|u - i_k u\|_{m,q,\Omega} \leqslant C h^{k+1-m} |u|_{k+1,q,\Omega}, \quad \forall u \in W^{k+1,q}(e), \quad 1 \leqslant q \leqslant \infty, \quad m = 0,1;$$

(8) 对任何 $p_{k-2} \in P_{k-2}(e)$, $p_{k-1} \in P_{k-1}(e)$, 有

$$(u - i_k u, p_{k-2})_e = 0, \quad ((u - i_k u)', p_{k-1})_e = 0.$$

以上内容可参见文献 [72] 的 1.4 节. 至于二维投影型插值算子, [72] 也做了详细的研究, 本节不再介绍. 本书将在第 2 章介绍多维投影型插值算子及其应用.

1.3.4 几个重要定理

定理 1.6 (逆估计) 设 d 维有界域 Ω 的剖分 $\mathcal{T}^h$ 是正规的, 则在单元 $e \in \mathcal{T}^h$ 上有逆估计

$$|v|_{s,q,e} \leqslant C h_e^{t-s+\frac{d}{q}-\frac{d}{p}} |v|_{t,p,e}, \quad \forall v \in V_h,$$

若剖分 $\mathcal{T}^h$ 是拟一致的, 则

$$\left(\sum_{e \in \mathcal{T}^h} |v|_{s,q,e}^q \right)^{\frac{1}{q}} \leqslant C h^{t-s+\min\{0,\frac{d}{q}-\frac{d}{p}\}} \left(\sum_{e \in \mathcal{T}^h} |v|_{t,p,e}^p \right)^{\frac{1}{p}},$$

其中, $t \leqslant s, 1 \leqslant p,q \leqslant \infty, h_e = \mathrm{diam}(e), h = \max_e \{h_e\}$, 常数 C 与 p,q,e,h,v 均无关.

定理 1.7 (插值误差估计) 设 $u \in W^{k+1,p}(\Omega) \hookrightarrow C(\bar{\Omega})$, $W^{k+1,p}(\Omega) \hookrightarrow W^{s,q}(\Omega), 0 \leqslant s \leqslant k$, 剖分 $\mathcal{T}^h$ 是正规的, $\Pi u \in V_h$ 为 u 的 k 次插值 (Lagrange 插值或投影型插值), 则在单元 e 上有误差估计

$$|u - \Pi u|_{s,q,e} \leqslant C h_e^{k+1-s+\frac{d}{q}-\frac{d}{p}} |u|_{k+1,p,e},$$

若剖分 $\mathcal{T}^h$ 是拟一致的, 则还有

$$|u - \Pi u|_{s,q,\Omega}^h \leqslant C h^{k+1-s+\min\{0,\frac{d}{q}-\frac{d}{p}\}} |u|_{k+1,p,\Omega},$$

其中, $|u - \Pi u|_{s,q,\Omega}^h = \left(\sum_{e \in \mathcal{T}^h} |u - \Pi u|_{s,q,e}^q \right)^{\frac{1}{q}}$ 且 C 与 h, u 无关.

定理 1.8 设 $d \geqslant 2$, $\Omega \subset R^d$ 为满足锥条件的有界区域, 即存在固定锥 G, 使得对任何 $X \in \Omega$, 有以 X 为顶点的全等于 G 的锥 $G_X \subset \Omega$, 则有下面的嵌入结果

$$\|v\|_{0,\infty,\Omega} \leqslant C \left[\|v\|_{0,d,\Omega} + |\ln h|^{\frac{d-1}{d}} |v|_{1,d,\Omega} \right], \quad \forall v \in S^h(\Omega),$$

$$\|v\|_{0,\infty,\Omega} \leqslant C |\ln h|^{\frac{d-1}{d}} |v|_{1,d,\Omega}, \quad \forall v \in S_0^h(\Omega).$$

定理 1.9 (Lagrange 插值的渐近展开) 设 $(e, P_e, \Sigma_e^\#)$ 为一个 Lagrange 型元, 依映射

$$F : \hat{X} \in \hat{e} \to B\hat{X} + b \in e$$

仿射等价于 $(\hat{e}, \hat{P}, \hat{\Sigma}^\#)$, 其中 B 为 $d \times d$ 矩阵, 又设

$$P_k(\hat{e}) \subset \hat{P} \subset W^{m,p}(\hat{e}), \quad k \geqslant 1,$$

则对任何 $u \in W^{r+1,p}(e)$, $r > k$ 有渐近展开式

$$\Pi_e u(X) - u(X) = \sum_{j=k+1}^{r} \frac{1}{j!} D^j u(X) \cdot \sum_{i=1}^{s} (Z_i - X)^j \phi_i(X) + R_r.$$

其中, Π_e 为插值算子, $\{Z_i : i = 1, 2, \cdots, s\}$ 为 e 的节点集, $\{\phi_i : i = 1, 2, \cdots, s\}$ 为 P_e 的形函数集, $D^j u(X)$ 为 Fréchet 导数, 且

$$|R_r|_{m,p,e} \leqslant C h_e^{r+1-m} |u|_{r+1,p,e}, \quad 1 \leqslant p \leqslant \infty, \quad m = 0, 1.$$

第2章 多维投影型插值算子与多维有限元的弱估计

本章把一维投影型插值算子推广到多维情形, 进而以此为工具来分析多维有限元的插值基本估计 (即所谓的弱估计).

2.1 多维投影型插值算子及其展开

设 $e \in T^h$ 为一个 d 维张量积单元, 即

$$
\begin{aligned}
e &= (x_{1,e} - h_{1,e}, x_{1,e} + h_{1,e}) \times (x_{2,e} - h_{2,e}, x_{2,e} + h_{2,e}) \times \cdots \\
&\quad \times (x_{d,e} - h_{d,e}, x_{d,e} + h_{d,e}) \\
&\equiv I_1 \times I_2 \times \cdots \times I_d.
\end{aligned} \tag{2.1}
$$

设 $\{l_{1,j}(x_1)\}_{j=0}^{\infty}$, $\{l_{2,j}(x_2)\}_{j=0}^{\infty}, \cdots$, $\{l_{d,j}(x_d)\}_{j=0}^{\infty}$ 分别为空间 $L^2(I_1)$, $L^2(I_2), \cdots$, $L^2(I_d)$ 上的规范正交的 Legendre 多项式系, 于是相应的 Lobatto 函数系为

$$
\omega_{k,0}(x_k) = 1, \quad \omega_{k,j+1}(x_k) = \int_{x_{k,e} - h_{k,e}}^{x_k} l_{k,j}(\xi) \, d\xi, \quad k = 1, \cdots, d, \quad j \geqslant 0.
$$

设 $\partial_{x_1} \partial_{x_2} \cdots \partial_{x_d} u \in L^2(e)$, 于是有如下展开:

$$
\partial_{x_1} \partial_{x_2} \cdots \partial_{x_d} u = \sum_{i_1=0}^{\infty} \sum_{i_2=0}^{\infty} \cdots \sum_{i_d=0}^{\infty} \alpha_{i_1 i_2 \cdots i_d} l_{1,i_1}(x_1) l_{2,i_2}(x_2) \cdots l_{d,i_d}(x_d), \tag{2.2}
$$

其中,

$$
\alpha_{i_1 i_2 \cdots i_d} = \int_e \partial_{x_1} \partial_{x_2} \cdots \partial_{x_d} u \, l_{1,i_1}(x_1) l_{2,i_2}(x_2) \cdots l_{d,i_d}(x_d) \, dX. \tag{2.3}
$$

利用 Parseval 等式和 (2.2), 有

$$
u = \sum_{i_1=0}^{\infty} \sum_{i_2=0}^{\infty} \cdots \sum_{i_d=0}^{\infty} \beta_{i_1 i_2 \cdots i_d} \omega_{1,i_1}(x_1) \omega_{2,i_2}(x_2) \cdots \omega_{d,i_d}(x_d), \tag{2.4}
$$

其中,

$$\beta_{00\cdots0} = u(x_{1,e} - h_{1,e}, x_{2,e} - h_{2,e}, \cdots, x_{d,e} - h_{d,e}),$$

$$\beta_{i_100\cdots0} = \int_{I_1} \partial_{x_1} u(x_1, x_{2,e} - h_{2,e}, \cdots, x_{d,e} - h_{d,e}) l_{1,i_1-1}(x_1)\, dx_1,$$

$$\beta_{i_1i_20\cdots0} = \int_{I_1 \times I_2} \partial_{x_1}\partial_{x_2} u(x_1, x_2, x_{3,e} - h_{3,e}, \cdots, x_{d,e} - h_{d,e})$$
$$\times l_{1,i_1-1}(x_1) l_{2,i_2-1}(x_2)\, dx_1 dx_2,$$

$$\cdots\cdots$$

$$\beta_{i_1i_2\cdots i_d} = \int_e \partial_{x_1}\partial_{x_2} \cdots \partial_{x_d} u(x_1, x_2, \cdots, x_d)$$
$$\times l_{1,i_1-1}(x_1) l_{2,i_2-1}(x_2) \cdots l_{d,i_d-1}(x_d)\, dx_1 dx_2 \cdots dx_d,$$

其中, $i_k \geqslant 1, k = 1, \cdots, d$.

引入标准的张量积 m 次多项式空间 T_m, 即

$$q(x_1, x_2, \cdots, x_d) = \sum_{(i_1, i_2, \cdots, i_d) \in I} a_{i_1 i_2 \cdots i_d} x_1^{i_1} x_2^{i_2} \cdots x_d^{i_d}, \quad q \in T_m,$$

这里, 指标集 I 满足

$$I = \{(i_1, i_2, \cdots, i_d) : 0 \leqslant i_1, i_2, \cdots, i_d \leqslant m\}.$$

定义单元 e 上的投影型插值算子 $\Pi_m^e: H^d(e) \to T_m(e)$, 使得

$$\Pi_m^e u = \sum_{(i_1, i_2, \cdots, i_d) \in I} \beta_{i_1 i_2 \cdots i_d} \omega_{1,i_1}(x_1) \omega_{2,i_2}(x_2) \cdots \omega_{d,i_d}(x_d). \tag{2.5}$$

进一步引入张量积 m 次有限元空间

$$S_0^h(\Omega) = \{v \in H_0^1(\Omega) : v|_e \in T_m(e),\ \forall\, e \in T^h\}, \tag{2.6}$$

由 $S_0^h(\Omega)$ 和 Π_m^e 的定义可知, 存在整个区域 Ω 上的投影型插值算子

$$\Pi_m : H^d(\Omega) \cap H_0^1(\Omega) \to S_0^h(\Omega), \tag{2.7}$$

使得 $(\Pi_m u)|_e = \Pi_m^e u$. 为简单起见, 记

$$\lambda_{i_1 i_2 \cdots i_d} = \beta_{i_1 i_2 \cdots i_d} \omega_{1,i_1}(x_1) \omega_{2,i_2}(x_2) \cdots \omega_{d,i_d}(x_d).$$

结合 (2.4) 和 (2.5), 可得如下的插值余项:

$$R = u - \Pi_m^e u$$
$$= \left(\sum_{i_1=0}^m \sum_{i_2=0}^m \cdots \sum_{i_{d-1}=0}^m \sum_{i_d=m+1}^\infty + \sum_{i_1=0}^m \sum_{i_2=0}^m \cdots \sum_{i_{d-1}=m+1}^\infty \sum_{i_d=0}^\infty + \cdots \right.$$
$$\left. + \sum_{i_1=0}^m \sum_{i_2=m+1}^\infty \sum_{i_3=0}^\infty \cdots \sum_{i_d=0}^\infty + \sum_{i_1=m+1}^\infty \sum_{i_2=0}^\infty \cdots \sum_{i_{d-1}=0}^\infty \sum_{i_d=0}^\infty \right) \lambda_{i_1 i_2 \cdots i_d}. \tag{2.8}$$

下一节将给出与插值余项 R 有关的弱估计.

2.2　三维有限元的弱估计

常用的三维区域的剖分有三种, 分别是长方体剖分、四面体剖分和三棱柱剖分, 本节将分别讨论这三种剖分下的三维有限元的弱估计. 为简单起见, 本节只讨论下面的模型问题 (事实上本节的结论对一般的三维二阶椭圆边值问题也是成立的):

$$
\begin{cases}
\mathcal{L}u \equiv -\Delta u = f, & \text{在}\,\Omega\,\text{内}, \\
u = 0, & \text{在边界}\,\partial\Omega\,\text{上},
\end{cases}
\tag{2.9}
$$

其中, $\Omega \subset R^3$ 为长方体或多角形柱体.

对应的变分问题是: 找 $u \in H_0^1(\Omega)$, 使得

$$
a(u,v) \equiv \int_\Omega \nabla u \cdot \nabla v \, dxdydz = (f,v), \quad \forall v \in H_0^1(\Omega).
\tag{2.10}
$$

设 $S_0^h(\Omega)$ 为有限元空间, 则 (2.10) 的离散问题为: 找 $u_h \in S_0^h(\Omega)$, 使得

$$
a(u_h,v) = (f,v), \quad \forall v \in S_0^h(\Omega).
\tag{2.11}
$$

显然有下面的 Galerkin 正交关系:

$$
a(u - u_h, v) = 0, \quad \forall v \in S_0^h(\Omega).
\tag{2.12}
$$

2.2.1　长方体有限元的弱估计

我们知道, 长方体元按照自由度的多少可分为张量积元和各种缺省族元, 本节首先对张量积元进行分析, 然后再讨论几种二次和三次缺省族元的情况.

2.2.1.1　张量积长方体有限元的弱估计

关于问题 (2.11), 在长方体剖分下, 选取张量积 m 次 (即所谓的三 m 次) 有限元空间

$$
S_0^h(\Omega) = \{v \in H_0^1(\Omega) : v|_e \in T_m(e), \ \forall e \in \mathcal{T}^h\},
$$

其中,

$$
e = (x_e - h_e, x_e + h_e) \times (y_e - k_e, y_e + k_e) \times (z_e - d_e, z_e + d_e) \equiv I_1 \times I_2 \times I_3.
$$

设 $\{l_i(x)\}_{i=0}^\infty$, $\{\tilde{l}_j(y)\}_{j=0}^\infty$ 和 $\{\bar{l}_k(z)\}_{k=0}^\infty$ 分别为 $L^2(I_1), L^2(I_2)$ 和 $L^2(I_3)$ 上的规范完备的 Legendre 正交多项式系, 显然 $\left\{l_i(x)\tilde{l}_j(y)\bar{l}_k(z)\right\}_{i,j,k=0}^\infty$ 是 $L^2(e)$ 上的规范

完备的正交多项式系, 相应的 Lobatto 函数系为

$$\omega_0(x) = \tilde{\omega}_0(y) = \bar{\omega}_0(z) = 1, \quad \omega_{j+1}(x) = \int_{x_e-h_e}^{x} l_j(x)\,dx,$$

$$\tilde{\omega}_{j+1}(y) = \int_{y_e-k_e}^{y} \tilde{l}_j(y)\,dy, \quad \bar{\omega}_{j+1}(z) = \int_{z_e-d_e}^{z} \bar{l}_j(z)\,dz, \quad j \geqslant 0.$$

此外, 在 (2.7) 中令 $d = 3$ 还可得如下的三维投影型插值算子:

$$\Pi_m : H^3(\Omega) \cap H_0^1(\Omega) \to S_0^h(\Omega).$$

考虑双线性型

$$a(u - \Pi_m u, v) = \int_\Omega \nabla R \cdot \nabla v \, dx dy dz, \quad \forall v \in S_0^h(\Omega), \tag{2.13}$$

易知插值余项为

$$R = u - \Pi_m u$$
$$= \left(\sum_{i=0}^{m} \sum_{j=0}^{m} \sum_{k=m+1}^{\infty} + \sum_{i=0}^{m} \sum_{j=m+1}^{\infty} \sum_{k=0}^{\infty} + \sum_{i=m+1}^{\infty} \sum_{j=0}^{\infty} \sum_{k=0}^{\infty} \right) \beta_{ijk} \omega_i(x) \tilde{\omega}_j(y) \bar{\omega}_k(z),$$

由 Lobatto 函数系的正交性知

$$a(u - \Pi_m u, v) = \int_\Omega \nabla R \cdot \nabla v \, dx dy dz = \int_\Omega \nabla r \cdot \nabla v \, dx dy dz, \quad \forall v \in S_0^h(\Omega), \tag{2.14}$$

其中,

$$r = \left(\sum_{i=0}^{m} \sum_{j=0}^{m} \sum_{k=m+1}^{m+2} + \sum_{i=0}^{m} \sum_{j=m+1}^{m+2} \sum_{k=0}^{m+2} + \sum_{i=m+1}^{m+2} \sum_{j=0}^{m+2} \sum_{k=0}^{m+2} \right) \beta_{ijk} \omega_i(x) \tilde{\omega}_j(y) \bar{\omega}_k(z), \tag{2.15}$$

这里的系数 β_{ijk} 的表达式在 2.1 节中令 $d = 3$ 时可见. 为简单起见, 记

$$\lambda_{ijk} = \beta_{ijk} \omega_i(x) \tilde{\omega}_j(y) \bar{\omega}_k(z). \tag{2.16}$$

关于双线性型 (2.13), 有如下弱估计.

定理 2.1 (弱估计)　设 $\mathcal{T}^h$ 是正规长方体剖分, $u \in W^{m+2,p}(\Omega) \cap H_0^1(\Omega)$, 则对任意的 $v \in S_0^h(\Omega)$, 有

$$|a(u - \Pi_m u, v)| \leqslant Ch^{m+1} \|u\|_{m+2,p,\Omega} |v|_{1,p',\Omega}, \quad m \geqslant 1, \tag{2.17}$$

$$|a(u - \Pi_m u, v)| \leqslant Ch^{m+2} \|u\|_{m+2,p,\Omega} |v|_{2,p',\Omega}^h, \quad m \geqslant 2, \tag{2.18}$$

当 $\mathcal{T}^h$ 为一致剖分且 $u \in W^{m+4,p}(\Omega) \cap H_0^1(\Omega)$ 时, 有

$$|a(u - \Pi_m u, v)| \leqslant C h^{m+2} \left(|u|_{m+4,p,\Omega} + |u|_{m+3,p,\Omega}\right) |v|_{1,p',\Omega}, \quad m \geqslant 2, \qquad (2.19)$$

$$|a(u - \Pi_m u, v)| \leqslant C h^{m+3} \left(|u|_{m+4,p,\Omega} + |u|_{m+3,p,\Omega}\right) |v|_{2,p',\Omega}, \quad m \geqslant 3, \qquad (2.20)$$

特别, 当 $\mathcal{T}^h$ 为一致剖分且 $u \in W^{m+3,\infty}(\Omega) \cap H_0^1(\Omega)$ 时,

$$|a(u - \Pi_m u, v)| \leqslant C h^{m+2} \|u\|_{m+3,\infty,\Omega} |v|_{1,1,\Omega}, \quad m \geqslant 2, \qquad (2.21)$$

$$|a(u - \Pi_m u, v)| \leqslant C h^{m+3} \|u\|_{m+3,\infty,\Omega} |v|_{2,1,\Omega}^h, \quad m \geqslant 3, \qquad (2.22)$$

其中, $\left(|v|_{2,p',\Omega}^h\right)^{p'} = \sum_e |v|_{2,p',e}^{p'}, \dfrac{1}{p} + \dfrac{1}{p'} = 1.$

证明 为了估计 (2.14), 我们先估计

$$I_e = \int_e \nabla r \cdot \nabla v \, dx dy dz, \quad \forall e \in \mathcal{T}^h. \qquad (2.23)$$

由 r 的表达式 (2.15) 和 Legendre 多项式的正交性易知, 对于 $m+1 \leqslant i,j,k \leqslant m+2$, 有

$$\int_e \nabla \lambda_{i00} \cdot \nabla v \, dx dy dz = \int_e \nabla \lambda_{0j0} \cdot \nabla v \, dx dy dz = \int_e \nabla \lambda_{00k} \cdot \nabla v \, dx dy dz = 0. \quad (2.24)$$

考虑 $m \geqslant 1$, 当 $i = 0, j, k \geqslant 1$ 时, 有 $j + k \geqslant m + 2$, 而

$$\begin{aligned}
\beta_{0jk} &= \int_{I_2 \times I_3} \partial_y \partial_z u(x_e - h_e, y, z) \tilde{l}_{j-1}(y) \bar{l}_{k-1}(z) \, dy dz \\
&= \frac{1}{2h_e} \int_e \partial_y \partial_z u(x_e - h_e, y, z) \tilde{l}_{j-1}(y) \bar{l}_{k-1}(z) \, dx dy dz \\
&= \frac{1}{2h_e} \int_e \left(\partial_y \partial_z u(x_e - h_e, y, z) - \partial_y \partial_z u(x, y, z)\right) \tilde{l}_{j-1}(y) \bar{l}_{k-1}(z) \, dx dy dz \\
&\quad + \frac{1}{2h_e} \int_e \partial_y \partial_z u(x, y, z) \tilde{l}_{j-1}(y) \bar{l}_{k-1}(z) \, dx dy dz \\
&= (-1)^{s_1+t_1+1} \frac{1}{2h_e} \int_e \left(\int_{x_e-h_e}^x \partial_x \partial_y^{s_1+1} \partial_z^{t_1+1} u(x, y, z) \, dx \right) \\
&\quad \times D^{-s_1} \tilde{l}_{j-1}(y) D^{-t_1} \bar{l}_{k-1}(z) \, dx dy dz \\
&\quad + (-1)^{s_2+t_2} \frac{1}{2h_e} \int_e \partial_y^{s_2+1} \partial_z^{t_2+1} u(x, y, z) D^{-s_2} \tilde{l}_{j-1}(y) D^{-t_2} \bar{l}_{k-1}(z) \, dx dy dz,
\end{aligned}$$

其中, $0 \leqslant s_1, s_2 \leqslant j-1, 0 \leqslant t_1, t_2 \leqslant k-1, s_1 + t_1 = m-1, s_2 + t_2 = m.$ 于是

$$|\beta_{0jk}| \leqslant C h^{m-2} \int_e \left|\nabla^{m+2} u\right| \, dx dy dz \leqslant C h^{m-2+\frac{3}{p'}} \|u\|_{m+2,p,e}. \qquad (2.25)$$

此外,

$$\left|\int_e \nabla\lambda_{0jk} \cdot \nabla v \, dxdydz\right| \leqslant |\beta_{0jk}| \left|\int_e \nabla\left(\tilde{\omega}_j(y)\bar{\omega}_k(z)\right) \cdot \nabla v \, dxdydz\right|$$

$$\leqslant C|\beta_{0jk}| \int_e |\nabla v| \, dxdydz$$

$$\leqslant Ch^{\frac{3}{p}}|\beta_{0jk}||v|_{1,\,p',\,e},$$

因而

$$\left|\int_e \nabla\lambda_{0jk} \cdot \nabla v \, dxdydz\right| \leqslant Ch^{m+1}\|u\|_{m+2,\,p,\,e}|v|_{1,\,p',\,e}. \tag{2.26}$$

类似可得, 当 $i, k \geqslant 1, i + k \geqslant m + 2$ 时,

$$\left|\int_e \nabla\lambda_{i0k} \cdot \nabla v \, dxdydz\right| \leqslant Ch^{m+1}\|u\|_{m+2,\,p,\,e}|v|_{1,\,p',\,e}, \tag{2.27}$$

当 $i, j \geqslant 1, i + j \geqslant m + 2$ 时,

$$\left|\int_e \nabla\lambda_{ij0} \cdot \nabla v \, dxdydz\right| \leqslant Ch^{m+1}\|u\|_{m+2,\,p,\,e}|v|_{1,\,p',\,e}. \tag{2.28}$$

对于 λ_{ijk}, $i, j, k \geqslant 1$, 此时 $i + j + k \geqslant m + 3$, 且

$$\beta_{ijk} = \int_e \partial_x\partial_y\partial_z u(x, y, z) \, l_{i-1}(x)\tilde{l}_{j-1}(y)\bar{l}_{k-1}(z) \, dxdydz,$$

易证

$$\left|\int_e \nabla\lambda_{ijk} \cdot \nabla v \, dxdydz\right| \leqslant Ch^{m+1}\|u\|_{m+2,\,p,\,e}|v|_{1,\,p',\,e}. \tag{2.29}$$

由 (2.15), (2.24), (2.26)—(2.29) 可得

$$|I_e| = \left|\int_e \nabla r \cdot \nabla v \, dxdydz\right| \leqslant Ch^{m+1}\|u\|_{m+2,\,p,\,e}|v|_{1,\,p',\,e}. \tag{2.30}$$

对单元求和即得

$$|a(u - \Pi_m u, v)| \leqslant \sum_e |I_e| \leqslant Ch^{m+1}\|u\|_{m+2,\,p,\,\Omega}|v|_{1,\,p',\,\Omega},$$

(2.17) 得证.

若 $m \geqslant 2$, 对于 $i, j, k \geqslant 1$, 先考虑积分

$$I_{0jk} = \int_e \nabla\lambda_{0jk} \cdot \nabla v \, dxdydz$$

$$= \beta_{0jk}\int_e \nabla\left(\tilde{\omega}_j(y)\bar{\omega}_k(z)\right) \cdot \nabla v \, dxdydz = I_{0jk}^x + I_{0jk}^y + I_{0jk}^z,$$

其中,

$$I_{0jk}^x = \beta_{0jk} \int_e \partial_x \left(\tilde{\omega}_j(y)\bar{\omega}_k(z) \right) \partial_x v \, dxdydz,$$

$$I_{0jk}^y = \beta_{0jk} \int_e \partial_y \left(\tilde{\omega}_j(y)\bar{\omega}_k(z) \right) \partial_y v \, dxdydz,$$

$$I_{0jk}^z = \beta_{0jk} \int_e \partial_z \left(\tilde{\omega}_j(y)\bar{\omega}_k(z) \right) \partial_z v \, dxdydz.$$

显然 $I_{0jk}^x = 0$, 由 r 的表达式 (2.15) 知, λ_{0jk} 中的指标 j, k 至少有一个大于或等于 $m+1$, 不妨设 $k \geqslant m+1$, 于是 $k \geqslant m+1 \geqslant 3$. 由 Legendre 多项式的正交性可得

$$I_{0jk}^z = \beta_{0jk} \int_e \tilde{\omega}_j(y)\bar{l}_{k-1}(z)\partial_z v \, dxdydz = 0.$$

此外,

$$I_{0jk}^y = \beta_{0jk} \int_e \tilde{l}_{j-1}(y)\bar{\omega}_k(z)\partial_y v \, dxdydz = -\beta_{0jk} \int_e \tilde{l}_{j-1}(y)D^{-1}\bar{\omega}_k(z)\partial_z\partial_y v \, dxdydz,$$

于是, 结合 (2.25) 可得

$$\left| I_{0jk}^y \right| \leqslant Ch^{1+\frac{3}{p}} |\beta_{0jk}| |v|_{2,p',e} \leqslant Ch^{m+2} \|u\|_{m+2,p,e} \|v\|_{2,p',e},$$

因而

$$|I_{0jk}| = \left| \int_e \nabla\lambda_{0jk} \cdot \nabla v \, dxdydz \right| \leqslant Ch^{m+2} \|u\|_{m+2,p,e} |v|_{2,p',e}. \tag{2.31}$$

类似可得

$$|I_{i0k}| = \left| \int_e \nabla\lambda_{i0k} \cdot \nabla v \, dxdydz \right| \leqslant Ch^{m+2} \|u\|_{m+2,p,e} |v|_{2,p',e}, \tag{2.32}$$

$$|I_{ij0}| = \left| \int_e \nabla\lambda_{ij0} \cdot \nabla v \, dxdydz \right| \leqslant Ch^{m+2} \|u\|_{m+2,p,e} |v|_{2,p',e}. \tag{2.33}$$

下面考虑积分

$$\begin{aligned}
I_{ijk} &= \int_e \nabla\lambda_{ijk} \cdot \nabla v \, dxdydz \\
&= \beta_{ijk} \int_e \nabla \left(\omega_i(x)\tilde{\omega}_j(y)\bar{\omega}_k(z) \right) \cdot \nabla v \, dxdydz \\
&= I_{ijk}^x + I_{ijk}^y + I_{ijk}^z,
\end{aligned}$$

其中,

$$I_{ijk}^x = \beta_{ijk} \int_e \partial_x \left(\omega_i(x)\tilde{\omega}_j(y)\bar{\omega}_k(z) \right) \partial_x v \, dxdydz,$$

$$I_{ijk}^y = \beta_{ijk} \int_e \partial_y \left(\omega_i(x)\tilde{\omega}_j(y)\bar{\omega}_k(z) \right) \partial_y v \, dxdydz,$$

$$I_{ijk}^z = \beta_{ijk} \int_e \partial_z \left(\omega_i(x)\tilde{\omega}_j(y)\bar{\omega}_k(z) \right) \partial_z v \, dxdydz.$$

同样, λ_{ijk} 中的指标 i, j, k 至少有一个大于或等于 $m+1$, 不妨设 $k \geqslant m+1$, 于是 $k \geqslant m+1 \geqslant 3$. 由 Legendre 多项式的正交性可得

$$I_{ijk}^z = \beta_{ijk} \int_e \omega_i(x)\tilde{\omega}_j(y)\bar{l}_{k-1}(z)\partial_z v \, dxdydz = 0.$$

关于 I_{ijk}^x, 分部积分可得

$$I_{ijk}^x = -\beta_{ijk} \int_e l_{i-1}(x)\tilde{\omega}_j(y)D^{-1}\bar{\omega}_k(z)\partial_z\partial_x v \, dxdydz,$$

又由 β_{ijk} 的表达式可得

$$|\beta_{ijk}| \leqslant Ch^{m-2.5+\frac{3}{p'}}\|u\|_{m+2,\,p,\,e,}$$

此外,

$$|I_{ijk}^x| \leqslant Ch^{1.5}|\beta_{ijk}| \int_e |\partial_z\partial_x v| \, dxdydz \leqslant Ch^{1.5+\frac{3}{p}}|\beta_{ijk}||v|_{2,\,p',\,e,}$$

因而

$$|I_{ijk}^x| \leqslant Ch^{m+2}\|u\|_{m+2,\,p,\,e}|v|_{2,\,p',\,e}.$$

同理可得

$$|I_{ijk}^y| \leqslant Ch^{m+2}\|u\|_{m+2,\,p,\,e}|v|_{2,\,p',\,e}.$$

于是

$$|I_{ijk}| = \left| \int_e \nabla\lambda_{ijk} \cdot \nabla v \, dxdydz \right| \leqslant Ch^{m+2}\|u\|_{m+2,\,p,\,e}|v|_{2,\,p',\,e}. \tag{2.34}$$

由 (2.24), (2.31)—(2.34) 即得

$$|I_e| = \left| \int_e \nabla r \cdot \nabla v \, dxdydz \right| \leqslant Ch^{m+2}\|u\|_{m+2,\,p,\,e}|v|_{2,\,p',\,e}.$$

对单元求和即得

$$|a(u - \Pi_m u, v)| \leqslant \sum_e |I_e| \leqslant Ch^{m+2}\|u\|_{m+2,\,p,\,\Omega}|v|_{2,\,p',\,\Omega}^h,$$

(2.18) 得证.

若 $\mathcal{T}^h$ 为一致剖分, 且 $m \geqslant 2$, 考虑积分

$$I_{ijk} = \int_e \nabla \lambda_{ijk} \cdot \nabla v\, dxdydz = \beta_{ijk} \int_e \nabla\left(\omega_i(x)\tilde{\omega}_j(y)\bar{\omega}_k(z)\right) \cdot \nabla v\, dxdydz,$$

其中, $i, j, k \geqslant 1$, $i + j + k \geqslant m + 3$.

由 β_{ijk} 的表达式、Legendre 多项式的性质、分部积分及 Hölder 不等式可得

$$|\beta_{ijk}| \leqslant Ch^{m-1.5+\frac{3}{p'}}|u|_{m+3,\,p,\,e,}\tag{2.35}$$

于是

$$|I_{ijk}| = \left|\int_e \nabla \lambda_{ijk} \cdot \nabla v\, dxdydz\right| \leqslant Ch^{m+2}|u|_{m+3,\,p,\,e}|v|_{1,\,p',\,e}.\tag{2.36}$$

再一次考虑积分

$$I_{0jk} = \int_e \nabla \lambda_{0jk} \cdot \nabla v\, dxdydz = \beta_{0jk} \int_e \nabla\left(\tilde{\omega}_j(y)\bar{\omega}_k(z)\right) \cdot \nabla v\, dxdydz.$$

(1) 当 λ_{0jk} 中的指标 j, k 满足 $j, k \geqslant 1$, 且 $j + k \geqslant m + 3$ 时, 由类似于 (2.25) 的证明过程可得

$$|\beta_{0jk}| \leqslant Ch^{m-1+\frac{3}{p'}}|u|_{m+3,\,p,\,e}.\tag{2.37}$$

由 Legendre 多项式和 Lobatto 函数的性质, (2.37) 及 Hölder 不等式可得

$$|I_{0jk}| = \left|\int_e \nabla \lambda_{0jk} \cdot \nabla v\, dxdydz\right| \leqslant Ch^{m+2}|u|_{m+3,\,p,\,e}|v|_{1,\,p',\,e}.\tag{2.38}$$

(2) 当 λ_{0jk} 中的指标 j, k 满足 $j, k \geqslant 1$, 且 $j + k = m + 2$ 时, 不妨设 $j = 1, k = m + 1$, 此时 $k = m + 1 \geqslant 3$, 有

$$I_{0jk}^x = \beta_{0jk} \int_e \partial_x\left(\tilde{\omega}_j(y)\bar{\omega}_k(z)\right)\partial_x v\, dxdydz = 0,$$

$$I_{0jk}^z = \beta_{0jk} \int_e \partial_z\left(\tilde{\omega}_j(y)\bar{\omega}_k(z)\right)\partial_z v\, dxdydz = 0.$$

于是

$$\begin{aligned}
I_{0jk} = I_{0jk}^y &= \beta_{0jk} \int_e \partial_y\left(\tilde{\omega}_j(y)\bar{\omega}_k(z)\right)\partial_y v\, dxdydz\\
&= \sqrt{\frac{1}{2}}k_e^{-\frac{1}{2}}\beta_{0jk} \int_e \bar{\omega}_k(z)\partial_y v\, dxdydz.
\end{aligned}\tag{2.39}$$

由于 $k = m + 1 \geqslant 3$, 于是在 (2.39) 中对 z 分部积分, 再对 y 积分便得

$$I_{0jk} = \sqrt{\frac{1}{2}} k_e^{-\frac{1}{2}} \beta_{0jk} \int_{I_1 \times I_3} D^{-1} \bar{\omega}_k(z) \Big(\partial_z v(x, y_e - k_e, z)$$

$$- \partial_z v(x, y_e + k_e, z) \Big) dx dz. \tag{2.40}$$

考虑相邻单元

$$e' = (x_e - h_e, x_e + h_e) \times (y_e + k_e, y_e + 3k_e) \times (z_e - d_e, z_e + d_e) \equiv I_1 \times I_2' \times I_3$$

上的积分

$$I_{0jk}' = \int_{e'} \nabla \lambda_{0jk} \cdot \nabla v \, dx dy dz = \beta_{0jk}' \int_{e'} \nabla \left(\tilde{\omega}_j(y) \bar{\omega}_k(z) \right) \cdot \nabla v \, dx dy dz,$$

当 $j = 1, k = m + 1 \geqslant 3$ 时, 有

$$I_{0jk}' = \sqrt{\frac{1}{2}} k_e^{-\frac{1}{2}} \beta_{0jk}' \int_{I_1 \times I_3} D^{-1} \bar{\omega}_k(z) (\partial_z v(x, y_e + k_e, z)$$

$$- \partial_z v(x, y_e + 3k_e, z)) dx dz. \tag{2.41}$$

合并 (2.40) 和 (2.41) 中含有公共积分因子的两项为

$$J_{e+e'} = \sqrt{\frac{1}{2}} k_e^{-\frac{1}{2}} (\beta_{0jk}' - \beta_{0jk}) \int_{I_1 \times I_3} D^{-1} \bar{\omega}_k(z) \partial_z v(x, y_e + k_e, z) \, dx dz. \tag{2.42}$$

由 β_{0jk} 的表达式及 $j = 1, k = m + 1$ 知

$$\beta_{0jk}' - \beta_{0jk} = \int_{I_2' \times I_3} \partial_y \partial_z u(x_e - h_e, y, z) \tilde{l}_0(y) \bar{l}_m(z) \, dy dz$$

$$- \int_{I_2 \times I_3} \partial_y \partial_z u(x_e - h_e, y, z) \tilde{l}_0(y) \bar{l}_m(z) \, dy dz$$

$$= \frac{1}{2h_e} \sqrt{\frac{1}{2}} k_e^{-\frac{1}{2}} \int_{e'} \partial_y \partial_z u(x_e - h_e, y, z) \bar{l}_m(z) \, dx dy dz$$

$$- \frac{1}{2h_e} \sqrt{\frac{1}{2}} k_e^{-\frac{1}{2}} \int_{e} \partial_y \partial_z u(x_e - h_e, y, z) \bar{l}_m(z) \, dx dy dz$$

$$= -\frac{1}{2h_e} \sqrt{\frac{1}{2}} k_e^{-\frac{1}{2}} \int_{e'} \left(\int_{x_e - h_e}^{x} \partial_x \partial_y \partial_z u(x, y, z) dx \right) \bar{l}_m(z) \, dx dy dz$$

$$+ \frac{1}{2h_e} \sqrt{\frac{1}{2}} k_e^{-\frac{1}{2}} \int_{e} \left(\int_{x_e - h_e}^{x} \partial_x \partial_y \partial_z u(x, y, z) dx \right) \bar{l}_m(z) \, dx dy dz$$

$$+ \frac{1}{2h_e} \sqrt{\frac{1}{2}} k_e^{-\frac{1}{2}} \int_{e'} \partial_y \partial_z u(x, y, z) \bar{l}_m(z) \, dx dy dz$$

$$- \frac{1}{2h_e} \sqrt{\frac{1}{2}} k_e^{-\frac{1}{2}} \int_{e} \partial_y \partial_z u(x, y, z) \bar{l}_m(z) \, dx dy dz$$

$$= J_1 + J_2 + J_3 + J_4.$$

显然,

$$|J_1| \leqslant Ch^{m-1} \int_{e'} |\nabla^{m+3}u| \, dxdydz, \quad |J_2| \leqslant Ch^{m-1} \int_e |\nabla^{m+3}u| \, dxdydz.$$

而

$$
\begin{aligned}
J_3 + J_4 &= \frac{1}{2h_e}\sqrt{\frac{1}{2}}k_e^{-\frac{1}{2}} \int_{I_1 \times I_3} 2k_e \partial_y \partial_z u(x, \xi_2, z) \bar{l}_m(z) \, dxdz \\
&\quad - \frac{1}{2h_e}\sqrt{\frac{1}{2}}k_e^{-\frac{1}{2}} \int_{I_1 \times I_3} 2k_e \partial_y \partial_z u(x, \xi_1, z) \bar{l}_m(z) \, dxdz \\
&= (-1)^m \frac{1}{h_e}\sqrt{\frac{1}{2}}k_e^{\frac{1}{2}} \int_{I_1 \times I_3} \left(\partial_y \partial_z^{m+1} u(x, \xi_2, z) - \partial_y \partial_z^{m+1} u(x, \xi_1, z)\right) \\
&\quad \times D^{-m}\bar{l}_m(z) \, dxdz \\
&= (-1)^m \frac{1}{h_e}\sqrt{\frac{1}{2}}k_e^{\frac{1}{2}} \int_{I_1 \times I_3} \partial_y^2 \partial_z^{m+1} u(x, \xi, z)(\xi_2 - \xi_1) D^{-m}\bar{l}_m(z) \, dxdz \\
&= (-1)^m \frac{1}{h_e}\sqrt{\frac{1}{2}}k_e^{\frac{1}{2}} \int_{I_1 \times I_3} \left[\int_{y_e-k_e}^{\xi} \partial_y^3 \partial_z^{m+1} u(x, y, z) dy\right] \\
&\quad \times (\xi_2 - \xi_1) D^{-m}\bar{l}_m(z) \, dxdz \\
&\quad + (-1)^m \frac{1}{h_e}\sqrt{\frac{1}{2}}k_e^{\frac{1}{2}} \int_{I_1 \times I_3} \partial_y^2 \partial_z^{m+1} u(x, y_e - k_e, z) \\
&\quad \times (\xi_2 - \xi_1) D^{-m}\bar{l}_m(z) \, dxdz \\
&= (-1)^m \frac{1}{h_e}\sqrt{\frac{1}{2}}k_e^{\frac{1}{2}} \int_{I_1 \times I_3} \left[\int_{y_e-k_e}^{\xi} \partial_y^3 \partial_z^{m+1} u(x, y, z) dy\right] \\
&\quad \times (\xi_2 - \xi_1) D^{-m}\bar{l}_m(z) \, dxdz \\
&\quad + (-1)^{m+1} \frac{1}{4h_e}\sqrt{\frac{1}{2}}k_e^{-\frac{1}{2}} \int_{y_e-k_e}^{y_e+3k_e} \int_{I_1 \times I_3} \left[\int_{y_e-k_e}^{y} \partial_y^3 \partial_z^{m+1} u(x, y, z) dy\right] \\
&\quad \times (\xi_2 - \xi_1) D^{-m}\bar{l}_m(z) \, dxdzdy \\
&\quad + (-1)^m \frac{1}{4h_e}\sqrt{\frac{1}{2}}k_e^{-\frac{1}{2}} \int_{y_e-k_e}^{y_e+3k_e} \int_{I_1 \times I_3} \partial_y^2 \partial_z^{m+1} u(x, y, z) \\
&\quad \times (\xi_2 - \xi_1) D^{-m}\bar{l}_m(z) \, dxdzdy \\
&= K_1 + K_2 + K_3.
\end{aligned}
$$

显然,

$$|K_1| \leqslant Ch^m \int_{e+e'} |\nabla^{m+4}u| \, dxdydz,$$

$$|K_2| \leqslant Ch^m \int_{e+e'} |\nabla^{m+4}u| \, dxdydz,$$

$$|K_3| \leqslant Ch^{m-1} \int_{e+e'} |\nabla^{m+3}u|\, dxdydz,$$

于是

$$|J_3 + J_4| \leqslant Ch^{m-1} \int_{e+e'} \left[|\nabla^{m+4}u| + |\nabla^{m+3}u|\right] dxdydz,$$

因而

$$|\beta'_{0jk} - \beta_{0jk}| \leqslant Ch^{m-1} \int_{e+e'} \left[|\nabla^{m+4}u| + |\nabla^{m+3}u|\right] dxdydz. \tag{2.43}$$

在 (2.42) 中, 记

$$L = \sqrt{\frac{1}{2}}k_e^{-\frac{1}{2}} \int_{I_1 \times I_3} D^{-1}\bar{\omega}_k(z)\partial_z v(x, y_e + k_e, z)\, dxdz,$$

而

$$\begin{aligned}
L &= \sqrt{\frac{1}{2}}k_e^{-\frac{1}{2}} \frac{1}{2k_e} \int_e D^{-1}\bar{\omega}_k(z)\partial_z v(x, y_e + k_e, z)\, dxdydz \\
&= \frac{\sqrt{2}}{4}k_e^{-\frac{3}{2}} \int_e D^{-1}\bar{\omega}_k(z) \left[\int_y^{y_e+k_e} \partial_y \partial_z v(x, y, z)\, dy\right] dxdydz \\
&\quad + \frac{\sqrt{2}}{4}k_e^{-\frac{3}{2}} \int_e D^{-1}\bar{\omega}_k(z)\partial_z v(x, y, z)\, dxdydz,
\end{aligned}$$

因而

$$|L| \leqslant Ch \int_e |\nabla^2 v|\, dxdydz + C \int_e |\nabla v|\, dxdydz \leqslant Ch^{\frac{3}{p}}|v|_{1, p', e}. \tag{2.44}$$

由 (2.42)—(2.44) 可得

$$|J_{e+e'}| \leqslant Ch^{m+2}\left(|u|_{m+4, p, e+e'} + |u|_{m+3, p, e+e'}\right)|v|_{1, p', e}, \tag{2.45}$$

单元求和即得

$$\sum |J_{e+e'}| \leqslant Ch^{m+2}\left(|u|_{m+4, p, \Omega} + |u|_{m+3, p, \Omega}\right)|v|_{1, p', \Omega}. \tag{2.46}$$

关于积分

$$I_{i0k} = \int_e \nabla\lambda_{i0k} \cdot \nabla v\, dxdydz, \quad I_{ij0} = \int_e \nabla\lambda_{ij0} \cdot \nabla v\, dxdydz$$

也可如上进行分析. 结合 (2.24), 最后将各项所得结果进行单元求和即得 (2.19).

若 $\mathcal{T}^h$ 为一致剖分, 且 $m \geqslant 3$, 考虑积分

$$I_{ijk} = \int_e \nabla\lambda_{ijk} \cdot \nabla v\, dxdydz = \beta_{ijk} \int_e \nabla\left(\omega_i(x)\tilde{\omega}_j(y)\bar{\omega}_k(z)\right) \cdot \nabla v\, dxdydz,$$

其中, $i, j, k \geqslant 1$, $i + j + k \geqslant m + 3$. 利用类似于获得 (2.34) 的证明方法可得

$$|I_{ijk}| \leqslant Ch^{1.5+\frac{3}{p}}|\beta_{ijk}||v|_{2,\,p',\,e}.$$

结合 (2.35) 知

$$|I_{ijk}| \leqslant Ch^{m+3}|u|_{m+3,\,p,\,e}|v|_{2,\,p',\,e}. \tag{2.47}$$

关于积分

$$I_{0jk} = \int_e \nabla\lambda_{0jk} \cdot \nabla v\, dxdydz,$$

仍分两种情况讨论.

(1) 当 λ_{0jk} 中的指标 j, k 满足 $j, k \geqslant 1$, 且 $j + k \geqslant m + 3$ 时, 由于指标 j, k 中至少有一个大于或等于 $m + 1$, 不妨任设 $k \geqslant m + 1 \geqslant 4$, 于是由 Legendre 多项式的正交性, 并对 z 分部积分可得

$$I_{0jk} = \beta_{0jk}\int_e \tilde{l}_{j-1}(y)\bar{\omega}_k(z)\partial_y v\, dxdydz = \beta_{0jk}\int_e \tilde{l}_{j-1}(y)D^{-1}\bar{\omega}_k(z)\partial_z\partial_y v\, dxdydz,$$

从而

$$|I_{0jk}| \leqslant |\beta_{0jk}|\int_e |\tilde{l}_{j-1}(y)D^{-1}\bar{\omega}_k(z)| \cdot |\partial_z\partial_y v|\, dxdydz,$$

结合 (2.37) 可得

$$|I_{0jk}| \leqslant Ch^{m+3}|u|_{m+3,\,p,\,e}|v|_{2,\,p',\,e}. \tag{2.48}$$

(2) 当 λ_{0jk} 中的指标 j, k 满足 $j, k \geqslant 1$, 且 $j+k = m+2$ 时, 仍设 $j = 1, k = m+1$, 此时 $k = m + 1 \geqslant 4$, 显然 (2.39) 仍成立.

由于 $k = m + 1 \geqslant 4$, 于是在 (2.39) 中对 z 分部积分两次, 再对 y 积分可得

$$I_{0jk} = \sqrt{\frac{1}{2}}k_e^{-\frac{1}{2}}\beta_{0jk}\int_{I_1\times I_3} D^{-2}\bar{\omega}_k(z)\left(\partial_z^2 v(x, y_e + k_e, z) - \partial_z^2 v(x, y_e - k_e, z)\right)dxdz.$$

再用单元合并技术, 类似于 $m \geqslant 2$ 时的推理过程即可得到 (2.20).

下面证明 (2.21) 和 (2.22).

假设 $\mathcal{T}^h$ 是一致剖分且 $m \geqslant 2$, 则当 $j, k \geqslant 1$, $j + k \geqslant m + 3$ 时, 关于积分

$$I_{0jk} = \int_e \nabla\lambda_{0jk} \cdot \nabla v\, dxdydz$$

有

$$|I_{0jk}| \leqslant |\beta_{0jk}|\int_e |\nabla(\tilde{\omega}_j(y)\bar{\omega}_k(z))||\nabla v|\, dxdydz \leqslant Ch^{m+2}\|u\|_{m+3,\,\infty,\,\Omega}|v|_{1,1,\,e}.$$

对单元求和得

$$\left|\int_\Omega \nabla\lambda_{0jk}\cdot\nabla v\,dxdydz\right| \leqslant \sum_e |I_{0jk}| \leqslant Ch^{m+2}\|u\|_{m+3,\infty,\Omega}|v|_{1,1,\Omega}. \tag{2.49}$$

此外, 若设 $k\geqslant m+1\geqslant 3$, 则

$$I_{0jk}^z = \int_e \partial_z\lambda_{0jk}\partial_z v\,dxdydz = 0.$$

显然,

$$I_{0jk}^x = \int_e \partial_x\lambda_{0jk}\partial_x v\,dxdydz = 0,$$

于是

$$I_{0jk} = I_{0jk}^y = \int_e \partial_y\lambda_{0jk}\partial_y v\,dxdydz = \beta_{0jk}\int_e \tilde{l}_{j-1}(y)\bar\omega_k(z)\partial_y v\,dxdydz. \tag{2.50}$$

上式对 z 分部积分得

$$I_{0jk} = -\beta_{0jk}\int_e \tilde{l}_{j-1}(y)D^{-1}\bar\omega_k(z)\partial_z\partial_y v\,dxdydz,$$

于是

$$|I_{0jk}| \leqslant |\beta_{0jk}|\int_e |\tilde{l}_{j-1}(y)D^{-1}\bar\omega_k(z)||\partial_z\partial_y v|\,dxdydz \leqslant Ch^{m+3}\|u\|_{m+3,\infty,\Omega}|v|_{2,1,e}.$$

对单元求和得

$$\left|\int_\Omega \nabla\lambda_{0jk}\cdot\nabla v\,dxdydz\right| \leqslant \sum_e |I_{0jk}| \leqslant Ch^{m+3}\|u\|_{m+3,\infty,\Omega}|v|_{2,1,\Omega}^h. \tag{2.51}$$

当 $j,k\geqslant 1$, $j+k=m+2$ 时, 不妨设 $j=1$, $k=m+1$, 对于积分

$$I_{0jk} = \int_e \nabla\lambda_{0jk}\cdot\nabla v\,dxdydz$$

和

$$I_{0jk}' = \int_{e'} \nabla\lambda_{0jk}\cdot\nabla v\,dxdydz,$$

有

$$\beta'_{0jk} - \beta_{0jk}$$

$$= \int_{I'_2 \times I_3} \partial_y \partial_z u(x_e - h_e, y, z) \tilde{l}_0(y) \bar{l}_m(z) \, dydz$$

$$- \int_{I_2 \times I_3} \partial_y \partial_z u(x_e - h_e, y, z) \tilde{l}_0(y) \bar{l}_m(z) \, dydz$$

$$= \int_{I_3} D^{-m} \bar{l}_m(z) \left(\partial_y \partial_z^{m+1} u(x_e - h_e, \eta_2, z) - \partial_y \partial_z^{m+1} u(x_e - h_e, \eta_1, z) \right) dz$$

$$\times (-1)^m \sqrt{2} k_e^{\frac{1}{2}}$$

$$= (-1)^m \sqrt{2} k_e^{\frac{1}{2}} \int_{I_3} D^{-m} \bar{l}_m(z) \partial_y^2 \partial_z^{m+1} u(x_e - h_e, \eta, z)(\eta_2 - \eta_1) dz,$$

于是

$$|\beta'_{0jk} - \beta_{0jk}| \leqslant Ch^{m+2} \|u\|_{m+3, \infty, \Omega}. \tag{2.52}$$

由 (2.42) 和 (2.52) 可得

$$|J_{e+e'}| \leqslant Ch^3 |\beta'_{0jk} - \beta_{0jk}| |v|_{1, \infty, e+e'}$$
$$\leqslant Ch^{m+5} \|u\|_{m+3, \infty, \Omega} |v|_{1, \infty, e+e'}$$
$$\leqslant Ch^{m+2} \|u\|_{m+3, \infty, \Omega} |v|_{1, 1, e+e'},$$

上式对单元求和即得

$$\left| \int_\Omega \nabla \lambda_{0jk} \cdot \nabla v \, dxdydz \right| \leqslant \sum |J_{e+e'}| \leqslant Ch^{m+2} \|u\|_{m+3, \infty, \Omega} |v|_{1, 1, \Omega}. \tag{2.53}$$

关于积分

$$I_{ijk} = \int_e \nabla \lambda_{ijk} \cdot \nabla v \, dxdydz, \quad i, j, k \geqslant 1, \quad i + j + k \geqslant m + 3,$$

有

$$|I_{ijk}| \leqslant |\beta_{ijk}| \int_e |\nabla (\omega_i(x) \tilde{\omega}_j(y) \bar{\omega}_k(z))| \, |\nabla v| \, dxdydz$$
$$\leqslant Ch^{m+2} \|u\|_{m+3, \infty, \Omega} |v|_{1, 1, e}.$$

对单元求和即得

$$\left| \int_\Omega \nabla \lambda_{ijk} \cdot \nabla v \, dxdydz \right| \leqslant \sum_e |I_{ijk}| \leqslant Ch^{m+2} \|u\|_{m+3, \infty, \Omega} |v|_{1, 1, \Omega}. \tag{2.54}$$

由 (2.24), (2.49), (2.53) 和 (2.54) 知 (2.21) 成立.

当 $\mathcal{T}^h$ 是一致剖分且 $m \geqslant 3$ 时, 为简单起见, 我们只考虑主项 I_{0jk}, $j = 1$, $k = m + 1$, 其余各项容易得出结果.

对于 $j = 1$, $k = m + 1 \geqslant 4$, 在 (2.39) 中对 z 分部积分两次, 再对 y 积分可得

$$I_{0jk} = \sqrt{\frac{1}{2}} k_e^{-\frac{1}{2}} \beta_{0jk} \int_{I_1 \times I_3} D^{-2} \bar{\omega}_k(z) \left(\partial_z^2 v(x, y_e + k_e, z) - \partial_z^2 v(x, y_e - k_e, z) \right) dxdz.$$

再用单元合并技术, 类似于 $m \geqslant 2$ 时的推理过程即可得到

$$\left| \int_\Omega \nabla \lambda_{0jk} \cdot \nabla v \, dxdydz \right| \leqslant \sum |J_{e+e'}| \leqslant Ch^{m+3} \|u\|_{m+3, \infty, \Omega} |v|_{2, 1, \Omega}^h, \tag{2.55}$$

(2.22) 得证.

2.2.1.2　二十自由度二次长方体有限元的弱估计

我们引进如下的三维二十自由度二次多项式空间 T_2^{20}, 即

$$q(x, y, z) = \sum_{(i,j,k) \in I_2^{20}} a_{ijk} x^i y^j z^k, \quad q \in T_2^{20},$$

其中, 指标集 I_2^{20} 满足

$$I_2^{20} = \{(i, j, k) | 0 \leqslant i, j, k \leqslant 2,\ i + j + k \leqslant 3\} \cup \{(2, 1, 1), (1, 2, 1), (1, 1, 2)\}.$$

定义二十自由度二次投影型插值算子 Π_2^{20}: $H^3(e) \to T_2^{20}(e)$ 为

$$\Pi_2^{20} u(x, y, z) = \sum_{(i,j,k) \in I_2^{20}} \lambda_{ijk}, \quad (x, y, z) \in e.$$

显然, 插值余项为

$$R = u - \Pi_2^{20} u = \left(\sum_{i=0}^2 \sum_{j=0}^2 \sum_{k=3}^\infty + \sum_{i=0}^2 \sum_{j=3}^\infty \sum_{k=0}^\infty + \sum_{i=3}^\infty \sum_{j=0}^\infty \sum_{k=0}^\infty \right) \lambda_{ijk}$$
$$+ \lambda_{220} + \lambda_{202} + \lambda_{022} + \lambda_{221} + \lambda_{212} + \lambda_{122} + \lambda_{222}.$$

对于所讨论的问题 (2.11), 选取二十自由度二次长方体有限元空间

$$S_0^h(\Omega) = \left\{ v \in C(\bar{\Omega}) \cap H_0^1(\Omega) : v|_e \in T_2^{20}(e), \forall e \in \mathcal{T}^h \right\}.$$

容易证明插值算子 Π_2^{20} 满足

$$\Pi_2^{20} u(x_e \pm h_e, y_e \pm k_e, z_e \pm d_e) = u(x_e \pm h_e, y_e \pm k_e, z_e \pm d_e), \tag{2.56}$$

$$\int_{l_i} \Pi_2^{20} u \, dl = \int_{l_i} u \, dl, \quad i = 1, \cdots, 12, \tag{2.57}$$

其中, l_i, $i = 1, \cdots, 12$ 是单元 e 的边. 由 (2.56) 和 (2.57) 知

$$\Pi_2^{20} : H^3(\Omega) \cap H_0^1(\Omega) \to S_0^h(\Omega).$$

下面我们估计

$$a(u - \Pi_2^{20} u, v) = \int_{\Omega} \nabla R \cdot \nabla v \, dx dy dz, \quad \forall v \in S_0^h(\Omega).$$

定理 2.2 (第一型弱估计) 设 $\mathcal{T}^h$ 是正规长方体剖分, $u \in W^{4, \infty}(\Omega) \cap H_0^1(\Omega)$, 则对任意的 $v \in S_0^h(\Omega)$, 有

$$\left| a(u - \Pi_2^{20} u, v) \right| \leqslant C h^3 \|u\|_{4, \infty, \Omega} |v|_{1, 1, \Omega}. \tag{2.58}$$

证明 由 Lobatto 函数和 Legendre 多项式的正交性可得

$$\int_e \nabla R \cdot \nabla v \, dx dy dz = \int_e \nabla r \cdot \nabla v \, dx dy dz,$$

其中,

$$r = \left(\sum_{i=0}^{2} \sum_{j=0}^{2} \sum_{k=3}^{4} + \sum_{i=0}^{2} \sum_{j=3}^{4} \sum_{k=0}^{4} + \sum_{i=3}^{4} \sum_{j=0}^{4} \sum_{k=0}^{4} \right) \lambda_{ijk}$$
$$+ \lambda_{220} + \lambda_{202} + \lambda_{022} + \lambda_{221} + \lambda_{212} + \lambda_{122} + \lambda_{222}, \tag{2.59}$$

易知

$$\int_e \nabla \lambda_{003} \cdot \nabla v \, dx dy dz = \int_e \nabla \lambda_{030} \cdot \nabla v \, dx dy dz = \int_e \nabla \lambda_{300} \cdot \nabla v \, dx dy dz = 0,$$

因而只需估计下面两项:

$$I_{013} = \int_e \nabla \lambda_{013} \cdot \nabla v \, dx dy dz, \quad I_{220} = \int_e \nabla \lambda_{220} \cdot \nabla v \, dx dy dz,$$

其他各项或为高阶项或可类似估计.

对任何 $v \in S_0^h(\Omega)$,

$$I_{013}^y = \int_e \partial_y \lambda_{013} \partial_y v \, dx dy dz = \beta_{013} \int_e \tilde{l}_0(y) \bar{\omega}_3(z) \partial_y v \, dx dy dz,$$

由 Lobatto 函数和 β_{0jk} 的估计知

$$|I_{013}^y| \leqslant |\beta_{013}| \|\tilde{l}_0(y) \bar{\omega}_3(z)\| |v|_{1, 1, e} \leqslant C h^3 \|u\|_{4, \infty, \Omega} |v|_{1, 1, e}. \tag{2.60}$$

此外,

$$I_{013}^z = \int_e \partial_z \lambda_{013} \partial_z v \, dxdydz = \beta_{013} \int_e \tilde{\omega}_1(y) \bar{l}_2(z) \partial_z v \, dxdydz,$$

同理可得

$$|I_{013}^z| \leqslant |\beta_{013}| |\tilde{\omega}_1(y)\bar{l}_2(z)| |v|_{1,1,e} \leqslant Ch^3 \|u\|_{4,\infty,\Omega} |v|_{1,1,e}. \tag{2.61}$$

显然,

$$I_{013}^x = \int_e \partial_x \lambda_{013} \partial_x v \, dxdydz = 0. \tag{2.62}$$

由 (2.60)—(2.62) 即得

$$|I_{013}| \leqslant Ch^3 \|u\|_{4,\infty,\Omega} |v|_{1,1,e}. \tag{2.63}$$

关于 I_{220}, 有

$$I_{220}^x = \int_e \partial_x \lambda_{220} \partial_x v \, dxdydz = \beta_{220} \int_e l_1(x) \tilde{\omega}_2(y) \partial_x v \, dxdydz.$$

易得

$$|I_{220}^x| \leqslant |\beta_{220}| |l_1(x)\tilde{\omega}_2(y)| |v|_{1,1,e} \leqslant Ch^3 \|u\|_{4,\infty,\Omega} |v|_{1,1,e}. \tag{2.64}$$

同样

$$I_{220}^y = \int_e \partial_y \lambda_{220} \partial_y v \, dxdydz = \beta_{220} \int_e \omega_2(x) \tilde{l}_1(y) \partial_y v \, dxdydz,$$

且

$$|I_{220}^y| \leqslant Ch^3 \|u\|_{4,\infty,\Omega} |v|_{1,1,e}. \tag{2.65}$$

显然,

$$I_{220}^z = \int_e \partial_z \lambda_{220} \partial_z v \, dxdydz = 0. \tag{2.66}$$

结合 (2.64)—(2.66) 可得

$$|I_{220}| \leqslant Ch^3 \|u\|_{4,\infty,\Omega} |v|_{1,1,e}. \tag{2.67}$$

综上所述, 可得

$$\left| \int_e \nabla R \cdot \nabla v \, dxdydz \right| \leqslant Ch^3 \|u\|_{4,\infty,\Omega} |v|_{1,1,e}, \tag{2.68}$$

将上式对单元求和即得 (2.58).

2.2.1.3 二十六自由度二次长方体有限元的弱估计

现在引进如下的二十六自由度二次多项式空间 T_2^{26}, 即

$$q(x, y, z) = \sum_{(i,j,k) \in I_2^{26}} a_{ijk} x^i y^j z^k, \quad q \in T_2^{26},$$

其中指标集 I_2^{26} 满足

$$I_2^{26} = \{(i,j,k)|0 \leqslant i, j, k \leqslant 2,\ i+j+k \leqslant 5\}.$$

定义二十六自由度二次投影型插值算子 Π_2^{26}: $H^3(e) \to T_2^{26}(e)$ 为

$$\Pi_2^{26} u(x, y, z) = \sum_{(i,j,k) \in I_2^{26}} \lambda_{ijk}, \quad (x, y, z) \in e.$$

显然, 插值余项为

$$R = u - \Pi_2^{26} u = \left(\sum_{i=0}^{2} \sum_{j=0}^{2} \sum_{k=3}^{\infty} + \sum_{i=0}^{2} \sum_{j=3}^{\infty} \sum_{k=0}^{\infty} + \sum_{i=3}^{\infty} \sum_{j=0}^{\infty} \sum_{k=0}^{\infty} \right) \lambda_{ijk} + \lambda_{222}.$$

对于所讨论的边值问题, 定义二十六自由度二次长方体有限元空间

$$S_0^h(\Omega) = \left\{ v \in C(\bar{\Omega}) \cap H_0^1(\Omega) : v|_e \in T_2^{26}(e),\ \forall e \in T^h \right\}.$$

容易证明插值算子 Π_2^{26} 满足

$$\Pi_2^{26} u(x_e \pm h_e, y_e \pm k_e, z_e \pm d_e) = u(x_e \pm h_e, y_e \pm k_e, z_e \pm d_e), \tag{2.69}$$

$$\int_{l_i} \Pi_2^{26} u\, dl = \int_{l_i} u\, dl, \quad i = 1, \cdots, 12, \tag{2.70}$$

$$\int_{\sigma_i} \Pi_2^{26} u\, dl = \int_{\sigma_i} u\, dl, \quad i = 1, \cdots, 6, \tag{2.71}$$

其中 l_i, $i = 1, \cdots, 12$ 是单元 e 的边, σ_i, $i = 1, \cdots, 6$ 是单元 e 的面.

由 (2.69)—(2.71) 知

$$\Pi_2^{26} : H^3(\Omega) \cap H_0^1(\Omega) \to S_0^h(\Omega).$$

关于积分

$$a(u - \Pi_2^{26} u,\, v) = \int_\Omega \nabla R \cdot \nabla v\, dxdydz, \quad \forall v \in S_0^h(\Omega),$$

我们有下面弱估计.

定理 2.3 (弱估计)　　设 $\mathcal{T}^h$ 是正规长方体剖分, $u \in W^{4,\infty}(\Omega) \cap H_0^1(\Omega)$, 则对任意的 $v \in S_0^h(\Omega)$, 有

$$\left| a(u - \Pi_2^{26}u, v) \right| \leqslant Ch^3 \|u\|_{4,\infty,\Omega} |v|_{1,1,\Omega}, \tag{2.72}$$

$$\left| a(u - \Pi_2^{26}u, v) \right| \leqslant Ch^4 \|u\|_{4,\infty,\Omega} |v|_{2,1,\Omega}^h, \tag{2.73}$$

当 $\mathcal{T}^h$ 是一致长方体剖分且 $u \in W^{5,\infty}(\Omega) \cap H_0^1(\Omega)$ 时, 有

$$\left| a(u - \Pi_2^{26}u, v) \right| \leqslant Ch^4 \|u\|_{5,\infty,\Omega} |v|_{1,1,\Omega}, \tag{2.74}$$

其中, $|v|_{2,1,\Omega}^h = \sum\limits_e |v|_{2,1,e}$.

证明　　由 Lobatto 函数和 Legendre 多项式的正交性知

$$a(u - \Pi_2^{26}u, v) = \int_\Omega \nabla R \cdot \nabla v \, dxdydz = \int_\Omega \nabla r \cdot \nabla v \, dxdydz,$$

其中,

$$r = \left(\sum_{i=0}^2 \sum_{j=0}^2 \sum_{k=3}^4 + \sum_{i=0}^2 \sum_{j=3}^4 \sum_{k=0}^4 + \sum_{i=3}^4 \sum_{j=0}^4 \sum_{k=0}^4 \right) \lambda_{ijk} + \lambda_{222}.$$

显然只需分析 λ_{013} 这一项, 其他各项或为高阶项或可以类似进行分析.

考虑积分

$$I_{013} = \int_e \nabla \lambda_{013} \cdot \nabla v \, dxdydz.$$

显然,

$$|I_{013}| \leqslant |\beta_{013}| \int_e |\nabla(\tilde{\omega}_1(y)\bar{\omega}_3(z))| |\nabla v| \, dxdydz \leqslant Ch^3 \|u\|_{4,\infty,\Omega} |v|_{1,1,e}.$$

对单元求和得

$$\left| \int_\Omega \nabla \lambda_{013} \cdot \nabla v \, dxdydz \right| \leqslant \sum_e |I_{013}| \leqslant Ch^3 \|u\|_{4,\infty,\Omega} |v|_{1,1,\Omega},$$

(2.72) 得证.

显然,

$$I_{013}^x = \int_e \partial_x \lambda_{013} \partial_x v \, dxdydz = 0,$$

$$I_{013}^z = \int_e \partial_z \lambda_{013} \partial_z v \, dxdydz = 0,$$

所以

$$I_{013} = I_{013}^y = \int_e \partial_y \lambda_{013} \partial_y v \, dxdydz = -\sqrt{\frac{1}{2}} k_e^{-\frac{1}{2}} \beta_{013} \int_e D^{-1} \bar{\omega}_3(z) \partial_z \partial_y v \, dxdydz.$$

于是

$$|I_{013}| \leqslant Ch^4 \|u\|_{4, \infty, \Omega} |v|_{2, 1, e},$$

对单元求和得

$$\left| \int_{\Omega} \nabla \lambda_{013} \cdot \nabla v \, dx dy dz \right| \leqslant \sum_{e} |I_{013}| \leqslant Ch^4 \|u\|_{4, \infty, \Omega} |v|_{2, 1, \Omega}^{h},$$

(2.73) 得证.

此外, 对 y 积分可得

$$I_{013} = -\sqrt{\frac{1}{2}} k_e^{-\frac{1}{2}} \beta_{013} \int_e D^{-1} \bar{\omega}_3(z) \partial_z \partial_y v \, dx dy dz$$

$$= \sqrt{\frac{1}{2}} k_e^{-\frac{1}{2}} \beta_{013} \int_{I_1 \times I_3} D^{-1} \bar{\omega}_3(z) \left(\partial_z v(x, y_e - k_e, z) - \partial_z v(x, y_e + k_e, z) \right) dx dz,$$

当 $\mathcal{T}^h$ 是一致剖分时, 运用单元合并技术可得 (2.74).

2.2.1.4 三十二自由度三次长方体有限元的弱估计

引进三十二自由度三次多项式空间 T_3^{32}, 即

$$q(x, y, z) = \sum_{(i,j,k) \in I_3^{32}} a_{ijk} x^i y^j z^k, \quad q \in T_3^{32},$$

其中, 指标集 I_3^{32} 满足

$$\begin{aligned} I_3^{32} = &\{(i,j,k) | 0 \leqslant i,j,k \leqslant 3, \ i+j+k \leqslant 3\} \\ &\cup \{(2,1,1), (1,2,1), (1,1,2), (3,1,0), (3,0,1), (0,3,1)\} \\ &\cup \{(1,3,0), (1,0,3), (0,1,3), (3,1,1), (1,3,1), (1,1,3)\}. \end{aligned}$$

定义三十二自由度三次投影型插值算子 Π_3^{32}: $H^3(e) \to T_3^{32}(e)$ 为

$$\Pi_3^{32} u(x, y, z) = \sum_{(i,j,k) \in I_3^{32}} \beta_{ijk} \omega_i(x) \tilde{\omega}_j(y) \bar{\omega}_k(z), \quad (x, y, z) \in e.$$

对于所讨论的边值问题, 定义三十二自由度三次长方体有限元空间

$$S_0^h(\Omega) = \left\{ v \in C(\bar{\Omega}) \cap H_0^1(\Omega) : v|_e \in T_3^{32}(e), \forall e \in \mathcal{T}^h \right\}.$$

容易证明插值算子 Π_3^{32} 满足

$$\Pi_3^{32} u(x_e \pm h_e, y_e \pm k_e, z_e \pm d_e) = u(x_e \pm h_e, y_e \pm k_e, z_e \pm d_e), \tag{2.75}$$

$$\int_{l_i} (u - \Pi_3^{32} u) v \, dl = 0, \quad \forall v \in P_1(l_i), \quad i = 1, \cdots, 12. \tag{2.76}$$

其中, l_i, $i = 1, \cdots, 12$ 是单元 e 的边.

由 (2.75) 和 (2.76) 知

$$\Pi_3^{32} : H^3(\Omega) \cap H_0^1(\Omega) \to S_0^h(\Omega).$$

然而积分

$$a(u - \Pi_3^{32} u, \, v) = \int_\Omega \nabla(u - \Pi_3^{32} u) \cdot \nabla v \, dx dy dz, \quad \forall v \in S_0^h(\Omega)$$

却没有超逼近估计, 所以对于超收敛研究而言, 这种缺省族元没什么意义. 下面分析另外两种缺省族元.

2.2.1.5　三十八自由度三次长方体有限元的弱估计

引进三十八自由度三次多项式空间 T_3^{38}, 即

$$q(x, y, z) = \sum_{(i,j,k) \in I_3^{38}} a_{ijk} x^i y^j z^k, \quad q \in T_3^{38},$$

其中, 指标集 I_3^{38} 满足

$$I_3^{38} = \{(i, j, k) | 0 \leqslant i, j, k \leqslant 3, \, i + j + k \leqslant 4\}$$
$$\cup \{(3, 1, 1), (1, 3, 1), (1, 1, 3), (2, 2, 1), (2, 1, 2), (1, 2, 2)\}.$$

定义三十八自由度三次投影型插值算子 $\Pi_3^{38} : H^3(e) \to T_3^{38}(e)$ 为

$$\Pi_3^{38} u(x, y, z) = \sum_{(i,j,k) \in I_3^{38}} \lambda_{ijk}, \quad (x, y, z) \in e,$$

同时, 对于所讨论的边值问题, 定义三十八自由度三次长方体有限元空间

$$S_0^h(\Omega) = \left\{ v \in C(\bar{\Omega}) \cap H_0^1(\Omega) : v|_e \in T_3^{38}(e), \, \forall e \in \mathcal{T}^h \right\}.$$

容易证明插值算子 Π_3^{38} 满足

$$\Pi_3^{38} u(x_e \pm h_e, y_e \pm k_e, z_e \pm d_e) = u(x_e \pm h_e, y_e \pm k_e, z_e \pm d_e), \tag{2.77}$$

$$\int_{l_i} (u - \Pi_3^{38} u) v \, dl = 0, \quad \forall v \in P_1(l_i), \quad i = 1, \cdots, 12, \tag{2.78}$$

$$\int_{\sigma_i} \Pi_3^{38} u \, d\sigma = \int_{\sigma_i} u \, d\sigma, \quad i = 1, \cdots, 6. \tag{2.79}$$

其中, l_i, $i = 1, \cdots, 12$ 是单元 e 的边, σ_i, $i = 1, \cdots, 6$ 是单元 e 的面.

由 (2.77)—(2.79) 知

$$\Pi_3^{38} : H^3(\Omega) \cap H_0^1(\Omega) \to S_0^h(\Omega).$$

关于积分

$$a(u - \Pi_3^{38}u, v) = \int_\Omega \nabla R \cdot \nabla v \, dxdydz, \quad \forall v \in S_0^h(\Omega),$$

其中, $R = u - \Pi_3^{38}u$, 有下面的弱估计.

定理 2.4 (弱估计) 设 $\mathcal{T}^h$ 是正规长方体剖分, $u \in W^{5,\infty}(\Omega) \cap H_0^1(\Omega)$, 则对任意的 $v \in S_0^h(\Omega)$, 有

$$\left| a(u - \Pi_3^{38}u, v) \right| \leqslant Ch^4 \|u\|_{5,\infty,\Omega} |v|_{1,1,\Omega}, \quad \forall v \in S_0^h(\Omega), \tag{2.80}$$

$$\left| a(u - \Pi_3^{38}u, v) \right| \leqslant Ch^5 \|u\|_{5,\infty,\Omega} |v|_{2,1,\Omega}^h, \quad \forall v \in S_0^h(\Omega), \tag{2.81}$$

其中, $|v|_{2,1,\Omega}^h = \sum_e |v|_{2,1,e}$.

证明 由 Lobatto 函数和 Legendre 多项式的正交性可知

$$a(u - \Pi_3^{38}u, v) = \int_\Omega \nabla R \cdot \nabla v \, dxdydz = \int_\Omega \nabla r \cdot \nabla v \, dxdydz, \quad \forall v \in S_0^h(\Omega),$$

其中, $r = \lambda_{023} + \lambda_{014} + r^*$, λ_{023} 和 λ_{014} 为主项, r^* 含有限项, 且包含的为高阶项或类似于主项的项, 因而只需要分析主项即可.

关于积分

$$I_{023} = \int_e \nabla \lambda_{023} \cdot \nabla v \, dxdydz, \quad \forall e \in \mathcal{T}^h,$$

显然,

$$I_{023}^x = \int_e \partial_x \lambda_{023} \partial_x v \, dxdydz = 0. \tag{2.82}$$

而

$$I_{023}^y = \int_e \partial_y \lambda_{023} \partial_y v \, dxdydz = \beta_{023} \int_e \tilde{l}_1(y)\bar{\omega}_3(z) \partial_y v \, dxdydz, \tag{2.83}$$

于是

$$|I_{023}^y| \leqslant |\beta_{023}| \int_e |\tilde{l}_1(y)\bar{\omega}_3(z)| |\partial_y v| \, dxdydz \leqslant Ch^4 \|u\|_{5,\infty,\Omega} |v|_{1,1,e}. \tag{2.84}$$

此外, 在 (2,83) 中对 z 分部积分后还可得到

$$|I_{023}^y| \leqslant Ch^5 \|u\|_{5,\infty,\Omega} |v|_{2,1,e}. \tag{2.85}$$

关于积分

$$I_{023}^z = \int_e \partial_z \lambda_{023} \partial_z v \, dxdydz = \beta_{023} \int_e \tilde{\omega}_2(y) \bar{l}_2(z) \partial_z v \, dxdydz, \tag{2.86}$$

仍有

$$|I_{023}^z| \leqslant |\beta_{023}| \int_e |\tilde{\omega}_2(y) \bar{l}_2(z)||\partial_z v| \, dxdydz \leqslant Ch^4 \|u\|_{5,\infty,\Omega} |v|_{1,1,e}. \tag{2.87}$$

同样, 在 (2.86) 中对 z 分部积分后可得

$$|I_{023}^z| \leqslant Ch^5 \|u\|_{5,\infty,\Omega} |v|_{2,1,e}. \tag{2.88}$$

由 (2.82), (2.84), (2.85), (2.87) 和 (2.88) 可得

$$|I_{023}| \leqslant Ch^4 \|u\|_{5,\infty,\Omega} |v|_{1,1,e}, \tag{2.89}$$

$$|I_{023}| \leqslant Ch^5 \|u\|_{5,\infty,\Omega} |v|_{2,1,e}. \tag{2.90}$$

关于积分

$$I_{014} = \int_e \nabla \lambda_{014} \cdot \nabla v \, dxdydz, \quad \forall e \in \mathcal{T}^h,$$

显然,

$$I_{014}^x = \int_e \partial_x \lambda_{014} \partial_x v \, dxdydz = 0, \tag{2.91}$$

$$I_{014}^z = \int_e \partial_z \lambda_{014} \partial_z v \, dxdydz = \beta_{014} \int_e \tilde{\omega}_1(y) \bar{l}_3(z) \partial_z v \, dxdydz = 0, \tag{2.92}$$

因而

$$I_{014} = I_{014}^y = \int_e \partial_y \lambda_{014} \partial_y v \, dxdydz = \beta_{014} \int_e \tilde{l}_0(y) \bar{\omega}_4(z) \partial_y v \, dxdydz. \tag{2.93}$$

易证

$$|I_{014}| \leqslant Ch^4 \|u\|_{5,\infty,\Omega} |v|_{1,1,e}, \tag{2.94}$$

$$|I_{014}| \leqslant Ch^5 \|u\|_{5,\infty,\Omega} |v|_{2,1,e}. \tag{2.95}$$

由 (2.89), (2.90), (2.94) 和 (2.95) 得

$$\left| \int_e \nabla r \cdot \nabla v \, dxdydz \right| \leqslant Ch^4 \|u\|_{5,\infty,\Omega} |v|_{1,1,e}, \tag{2.96}$$

$$\left|\int_e \nabla r \cdot \nabla v\, dxdydz\right| \leqslant Ch^5 \|u\|_{5,\infty,\Omega} |v|_{2,1,e}. \tag{2.97}$$

于是, 对单元求和即得

$$|a(u - \Pi_3^{38}u, v)| \leqslant \sum_e \left|\int_e \nabla r \cdot \nabla v\, dxdydz\right| \leqslant Ch^4 \|u\|_{5,\infty,\Omega} |v|_{1,1,\Omega}, \tag{2.98}$$

$$|a(u - \Pi_3^{38}u, v)| \leqslant \sum_e \left|\int_e \nabla r \cdot \nabla v\, dxdydz\right| \leqslant Ch^5 \|u\|_{5,\infty,\Omega} |v|_{2,1,\Omega}^h, \tag{2.99}$$

(2.80) 和 (2.81) 得证.

2.2.1.6 五十自由度三次长方体有限元的弱估计

引进五十自由度三次多项式空间 T_3^{50}, 即

$$q(x,y,z) = \sum_{(i,j,k)\in I_3^{50}} a_{ijk}x^i y^j z^k, \quad q \in T_3^{50},$$

其中, 指标集 I_3^{50} 满足

$$I_3^{50} = \{(i,j,k)|0 \leqslant i,j,k \leqslant 3,\ i+j+k \leqslant 5\}$$
$$\cup\{(3,2,1),(3,1,2),(2,3,1),(2,1,3),(1,3,2),(1,2,3)\}.$$

定义五十自由度三次投影型插值算子 $\Pi_3^{50}: H^3(e) \to T_3^{50}(e)$ 为

$$\Pi_3^{50}u(x,y,z) = \sum_{(i,j,k)\in I_3^{50}} \lambda_{ijk}, \quad (x,y,z) \in e.$$

对于所讨论的边值问题, 定义五十自由度三次长方体有限元空间

$$S_0^h(\Omega) = \left\{v \in C(\bar{\Omega}) \cap H_0^1(\Omega) : v|_e \in T_3^{50}(e),\ \forall e \in \mathcal{T}^h\right\}.$$

容易证明插值算子 Π_3^{50} 满足

$$\Pi_3^{50}u(x_e \pm h_e, y_e \pm k_e, z_e \pm d_e) = u(x_e \pm h_e, y_e \pm k_e, z_e \pm d_e), \tag{2.100}$$

$$\int_{l_i} (u - \Pi_3^{50}u)v\, dl = 0, \quad \forall v \in P_1(l_i),\ i = 1,\cdots,12, \tag{2.101}$$

$$\int_{\sigma_i} (u - \Pi_3^{50}u)v\, d\sigma = 0, \quad \forall v \in P_1(\sigma_i),\ i = 1,\cdots,6, \tag{2.102}$$

其中, $l_i,\ i = 1,\cdots,12$ 是单元 e 的边, $\sigma_i,\ i = 1,\cdots,6$ 是单元 e 的面.

由 (2.100)—(2.102) 知

$$\Pi_3^{50} : H^3(\Omega) \cap H_0^1(\Omega) \to S_0^h(\Omega).$$

关于积分

$$a(u - \Pi_3^{50}u, v) = \int_\Omega \nabla R \cdot \nabla v \, dx dy dz, \quad \forall v \in S_0^h(\Omega),$$

其中, $R = u - \Pi_3^{50}u$, 有下面的弱估计.

定理 2.5 (弱估计)　设 $\mathcal{T}^h$ 是正规长方体剖分, $u \in W^{5,\infty}(\Omega) \cap H_0^1(\Omega)$, 则对任意的 $v \in S_0^h(\Omega)$, 有

$$\left| a(u - \Pi_3^{50}u, v) \right| \leqslant Ch^4 \|u\|_{5,\infty,\Omega} |v|_{1,1,\Omega}, \quad \forall v \in S_0^h(\Omega), \tag{2.103}$$

$$\left| a(u - \Pi_3^{50}u, v) \right| \leqslant Ch^5 \|u\|_{5,\infty,\Omega} |v|_{2,1,\Omega}^h, \quad \forall v \in S_0^h(\Omega), \tag{2.104}$$

当 $\mathcal{T}^h$ 为一致剖分且 $u \in W^{6,\infty}(\Omega) \cap H_0^1(\Omega)$ 时, 有

$$\left| a(u - \Pi_3^{50}u, v) \right| \leqslant Ch^5 \|u\|_{6,\infty,\Omega} |v|_{1,1,\Omega}, \quad \forall v \in S_0^h(\Omega), \tag{2.105}$$

$$\left| a(u - \Pi_3^{50}u, v) \right| \leqslant Ch^6 \|u\|_{6,\infty,\Omega} |v|_{2,1,\Omega}^h, \quad \forall v \in S_0^h(\Omega), \tag{2.106}$$

其中, $|v|_{2,1,\Omega}^h = \sum_e |v|_{2,1,e}$.

注　(1) 插值余项 $R = u - \Pi_3^{50}u$ 的主部为 λ_{014}, 直接证明可得 (2.103) 和 (2.104), 运用单元合并技术可证明 (2.105) 和 (2.106).

(2) 由此定理可见, 尽管五十自由度三次长方体有限元比三三次长方体有限元少了十四个自由度, 但这种缺省族有限元却具有与张量积三次长方体有限元同样精度的弱估计.

2.2.2　四面体有限元的弱估计

2.2.2.1　四面体线性元的弱估计

四面体线性元已被详细地研究, 具体可参见文献 [23, 24, 27, 28, 33, 34, 48] 等, 本节仅给出四面体线性元的弱估计.

定理 2.6 (四面体线性元的第一型弱估计)[24, 33]　设四面体剖分 $\mathcal{T}^h$ 是 C 剖分 (即强正规剖分), $u \in W^{3,p}(\Omega) \cap H_0^1(\Omega)$, Π 是线性 Lagrange 插值算子, 则对任意的 $v \in S_0^h(\Omega)$, 有

$$|a(u - \Pi u, v)| \leqslant Ch^2 \|u\|_{3,p,\Omega} |v|_{1,p',\Omega}, \tag{2.107}$$

其中, $2 \leqslant p \leqslant \infty, \dfrac{1}{p} + \dfrac{1}{p'} = 1$.

2.2.2.2　四面体二次元的弱估计

我们知道, 在工程领域四面体二次元比四面体线性元应用更广, 关于四面体二次元, 主要结果参见 [20, 73, 117, 122] 等. 本节继续研究四面体二次元, 给出它的第一型弱估计.

为简单起见, 假定 $\Omega \subset R^3$ 是一长方体, 其三条边分别与 x, y, z 三个坐标轴平行. 为了离散所讨论的问题, 先将 Ω 剖分为边长为 h 的立方体的集合, 然后将每个立方体剖分为 6 个四面体, 见图 2.1.

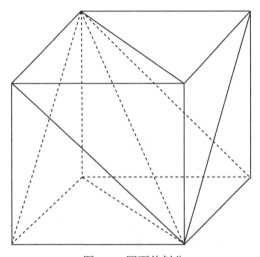

图 2.1　四面体剖分

我们记此剖分为 $\mathcal{T}^h = \{e_i\}, i = 1, 2, \cdots, N = O(h^{-3})$, 这里 e_i 为四面体单元. 在此一致剖分下, 设 $S_{0,k}^h(\Omega)$ 为 k 次有限元空间, Π_k 为 k 次 Lagrange 插值算子. 于是, 四面体二次有限元的离散问题为: 找 $u_h \in S_{0,2}^h(\Omega)$, 使得

$$a(u_h, v) = (f, v), \quad \forall v \in S_{0,2}^h(\Omega).$$

我们记

$$T_{0,2}^h(\Omega) = \left\{ v - \Pi_1 v \mid v \in S_{0,2}^h(\Omega) \right\}.$$

显然, $T_{0,2}^h(\Omega)$ 是 $S_{0,2}^h(\Omega)$ 的子空间, 于是 $S_{0,2}^h(\Omega)$ 可作如下分解:

$$S_{0,2}^h(\Omega) = S_{0,1}^h(\Omega) \oplus T_{0,2}^h(\Omega),$$

即对任意的 $v \in S_{0,2}^h(\Omega)$, 有 $v = l + t$, 其中 $l = \Pi_1 v \in S_{0,1}^h(\Omega)$, $t \in T_{0,2}^h(\Omega)$.

设 $\{P_i\}$ 为四面体单元的顶点集, 显然 $t(P_i) = 0, i = 1, 2, \cdots, M = O(h^{-3})$, 且 $t = \sum_j \alpha_j \psi_j$, 这里, ψ_j 为一致剖分 $\mathcal{T}^h$ 中的内边 l_j 的中点 Q_j 所对应的二次

Lagrange 基函数. 显然, 支集 supp ψ_j 是以 l_j 为公共边的所有单元 (最多六个四面体) 的并集, 它是以 Q_j 为中心的点对称图形.

为了获得第一型弱估计, 我们先给出下面几个重要引理.

引理 2.1[162]　设 $F: \hat{x} \in \hat{e} \longrightarrow x = B\hat{x} + b \in e$ 是 R^3 中一仿射变换, 则存在一个常数 $C = C(m)$, 使得

$$|\hat{v}|_{m,q,\hat{e}} \leqslant C\|B\|^m |\det B|^{-\frac{1}{q}} |v|_{m,q,e}, \quad \forall v \in W^{m,q}(e),$$
$$|v|_{m,q,e} \leqslant C\|B^{-1}\|^m |\det B|^{\frac{1}{q}} |\hat{v}|_{m,q,\hat{e}}, \quad \forall \hat{v} \in W^{m,q}(\hat{e}),$$

且

$$\|B\| \leqslant Ch, \quad \|B^{-1}\| \leqslant Ch^{-1}, \quad |\det B| \leqslant Ch^3,$$

其中, $e \in \mathcal{T}^h$, $\hat{e}$ 是与 h 无关的标准单元, $B = (b_{ij})_{3\times3}$, $\hat{v}(\hat{x}) = v(F\hat{x})$, $v(x) = \hat{v}(F^{-1}x)$.

引理 2.2　设 $\mathcal{T}^h$ 是一致四面体剖分, $\{\psi_j\}$ 是 $T^h_{0,2}(\Omega)$ 的基函数集, $P_k(S_j)$ 是 S_j 上的 k 次多项式的集合, 则对任意的 $p \in P_3(S_j)$, 有

$$(\nabla(p - \Pi_2 p), \nabla\psi_j)_{S_j} = 0,$$

其中, $S_j \equiv \text{supp}\,\psi_j$.

证明　不失一般性, 设 S_j 的对称中心是原点, 于是 $\forall p \in P_3(S_j)$, 有 $p = m + b$, 其中 $b \in P_2(S_j)$, $m \in P_3(S_j)$ 是三次单项式. 因为 m 关于原点是奇函数, 从而 $\Pi_2 m$ 也是奇函数, 所以 $\nabla(m - \Pi_2 m)$ 是偶函数, 而 $\nabla\psi_j$ 在 S_j 上是奇函数, 故

$$(\nabla(m - \Pi_2 m), \nabla\psi_j)_{S_j} = 0.$$

此外, $\Pi_2 b = b$, 因而

$$(\nabla(b - \Pi_2 b), \nabla\psi_j)_{S_j} = 0,$$

于是

$$(\nabla(p - \Pi_2 p), \nabla\psi_j)_{S_j} = 0.$$

引理 2.3　设 $\mathcal{T}^h$ 是一致四面体剖分, 则存在常数 $C > 0$, 使得对任意的 $t = \sum\limits_j \alpha_j \psi_j \in T^h_{0,2}(\Omega)$, 有

$$\left(\sum_j |\alpha_j|^q\right)^{\frac{1}{q}} \leqslant Ch^{1-\frac{3}{q}} |t|_{1,q,\Omega}.$$

证明　$\forall e \in \mathcal{T}^h$, 作仿射变换

$$F: \hat{x} \in \hat{e} \to x = B\hat{x} + b \in e,$$

其中, $B = (b_{ij})_{3 \times 3}$, $\hat{e}$ 是与 h 无关的标准单元.

设 $\psi_1, \cdots, \psi_6$ 是 e 的六条边的中点所对应的二次 Lagrange 形函数, 则 $t|_e = \sum\limits_{j=1}^{6} \alpha_j \psi_j$ 且 $\hat{t} = \sum\limits_{j=1}^{6} \alpha_j \hat{\psi}_j$, $\hat{\psi}_1, \cdots, \hat{\psi}_6$ 是 $\hat{e}$ 的相应的形函数. 显然 $|\hat{t}|_{1, q, \hat{e}}$ 是范数, 由有限维空间范数的等价性知

$$\left(\sum_{j=1}^{6} |\alpha_j|^q \right)^{\frac{1}{q}} \leqslant C |\hat{t}|_{1, q, \hat{e}}.$$

由引理 2.1 得

$$\left(\sum_{j=1}^{6} |\alpha_j|^q \right)^{\frac{1}{q}} \leqslant C h^{1 - \frac{3}{q}} |t|_{1, q, e},$$

两边 q 次方, 再对单元求和得

$$\left(\sum_{j} |\alpha_j|^q \right)^{\frac{1}{q}} \leqslant C h^{1 - \frac{3}{q}} |t|_{1, q, \Omega}.$$

引理 2.4 设 $\mathcal{T}^h$ 是一致四面体剖分, $v = l + t \in S_{0,2}^h(\Omega)$, 则

$$|t|_{1, q, \Omega} \leqslant C |v|_{1, q, \Omega},$$

$$|l|_{1, q, \Omega} \leqslant C |v|_{1, q, \Omega},$$

其中 $l = \Pi_1 v \in S_{0,1}^h(\Omega)$, $t \in T_{0,2}^h(\Omega)$, $1 \leqslant q \leqslant \infty$.

证明 $\forall e \in \mathcal{T}^h$, 由插值误差估计和逆估计知

$$|t|_{1, q, e} = |v - \Pi_1 v|_{1, q, e} \leqslant C h |v|_{2, q, e} \leqslant C |v|_{1, q, e},$$

上式两边 q 次方, 再对单元求和即得

$$|t|_{1, q, \Omega} \leqslant C |v|_{1, q, \Omega},$$

然后利用三角不等式可得

$$|l|_{1, q, \Omega} \leqslant C |v|_{1, q, \Omega}.$$

利用上面几个引理, 可导出下面的结果.

定理 2.7 (第一型弱估计) 设 $\mathcal{T}^h$ 是一致四面体剖分, $u \in W^{4, p}(\Omega) \cap H_0^1(\Omega)$, 则

$$|a(u - \Pi_2 u, v)| \leqslant C h^3 \|u\|_{4, p, \Omega} |v|_{1, q, \Omega}, \quad \forall v \in S_{0,2}^h(\Omega), \tag{2.108}$$

其中, $1 \leqslant p \leqslant \infty, \dfrac{1}{p} + \dfrac{1}{q} = 1$.

证明　$\forall v \in S_{0,2}^h(\Omega)$, 都有 $v = l + t$, 其中 $l = \Pi_1 v \in S_{0,1}^h(\Omega)$, $t = \sum \alpha_j \psi_j \in T_{0,2}^h(\Omega)$. 于是

$$|a(u - \Pi_2 u, v)| \leqslant |a(u - \Pi_2 u, l)| + |a(u - \Pi_2 u, t)|. \tag{2.109}$$

现在先估计 $|a(u - \Pi_2 u, t)|$, 由 Hölder 不等式、引理 2.3 和引理 2.4 可得

$$
\begin{aligned}
|a(u - \Pi_2 u, t)| &= |(\nabla(u - \Pi_2 u), \nabla t)| \\
&\leqslant \sum_j |\alpha_j| |(\nabla(u - \Pi_2 u), \nabla \psi_j)| \\
&\leqslant \left(\sum_j |\alpha_j|^q \right)^{\frac{1}{q}} \left(\sum_j |(\nabla(u - \Pi_2 u), \nabla \psi_j)_{S_j}|^p \right)^{\frac{1}{p}} \\
&\leqslant Ch^{1-\frac{3}{q}} |v|_{1,q,\Omega} \left(\sum_j |(\nabla(u - \Pi_2 u), \nabla \psi_j)_{S_j}|^p \right)^{\frac{1}{p}}, \quad (2.110)
\end{aligned}
$$

其中, S_j 是 ψ_j 的支集. 由引理 2.2, Hölder 不等式和插值误差估计, 对任何 $p \in P_3(S_j)$, 有

$$
\begin{aligned}
\left|(\nabla(u - \Pi_2 u), \nabla \psi_j)_{S_j}\right| &= \left|(\nabla(u - p - \Pi_2(u - p)), \nabla \psi_j)_{S_j}\right| \\
&\leqslant Ch^2 |u - p|_{3,p,S_j} |\nabla \psi_j|_{0,q,S_j} \\
&\leqslant Ch^{1+\frac{3}{q}} |u - p|_{3,p,S_j}.
\end{aligned}
$$

上式对 $p \in P_3(S_j)$ 取下确界, 并利用插值误差估计可得

$$\left|(\nabla(u - \Pi_2 u), \nabla \psi_j)_{S_j}\right| \leqslant Ch^{2+\frac{3}{q}} |u|_{4,p,S_j}. \tag{2.111}$$

将 (2.111) 代入 (2.110), 并注意 S_j 最多是六个单元的并集, 即可得到

$$|a(u - \Pi_2 u, t)| \leqslant Ch^3 \|u\|_{4,p,\Omega} |v|_{1,q,\Omega}. \tag{2.112}$$

下面估计 $|a(u - \Pi_2 u, l)|$.

考虑两个相邻的立方体 (单元片 U_1 和 U_2), 见图 2.2. 它们都是六个体积相同的四面体单元的并集, 记节点 $P_1(x_1, y_1, z_1)$, $P_2(x_2, y_2, z_2)$, $P_3(x_3, y_3, z_3)$, $P_4(x_4, y_4, z_4)$ 构成的四面体为 e_1, $P_1(x_1, y_1, z_1)$, $P_2(x_2, y_2, z_2)$, $P_4(x_4, y_4, z_4)$, $P_5(x_5, y_5, z_5)$ 构成的四面体为 e_2, $P_1(x_1, y_1, z_1)$, $P_3(x_3, y_3, z_3)$, $P_4(x_4, y_4, z_4)$, $P_6(x_6, y_6, z_6)$ 构成的四面体为 e_3, $P_3(x_3, y_3, z_3)$, $P_4(x_4, y_4, z_4)$, $P_6(x_6, y_6, z_6)$, $P_8(x_8, y_8, z_8)$ 构成

的四面体为 e_4. 对于上面的四面体单元 e_1, e_2, e_3, e_4, 我们分别给出指标集: $J_1 = \{1, 2, 3, 4, 1-2, 1-3, 1-4, 2-3, 2-4, 3-4\}$, $J_2 = \{1, 2, 4, 5, 1-2, 1-4, 1-5, 2-4, 2-5, 4-5\}$, $J_3 = \{1, 3, 4, 6, 1-3, 1-4, 1-6, 3-4, 3-6, 4-6\}$, $J_4 = \{3, 4, 6, 8, 3-4, 3-6, 3-8, 4-6, 4-8, 6-8\}$. 在 e_1 上, 我们如下定义点 $P(x, y, z) \in e_1$ 的体积坐标:

$$\lambda_j(P) = \frac{1}{A}(A_{1j} + A_{2j}x + A_{3j}y + A_{4j}z), \quad j = 1, \cdots, 4, \tag{2.113}$$

其中,

$$A = \begin{vmatrix} 1 & 1 & 1 & 1 \\ x_1 & x_2 & x_3 & x_4 \\ y_1 & y_2 & y_3 & y_4 \\ z_1 & z_2 & z_3 & z_4 \end{vmatrix},$$

A_{ij} 是行列式 A 的 (i, j) 位置上的元素的代数余子式. 对任意的 $w \in S_{0,1}^h(\Omega)$, 记 $\bar{w} = w|_{e_1}$, $\tilde{w} = w|_{e_2}$, 于是

$$\bar{w} = \sum_{j=1}^{4} w(P_j)\lambda_j(P),$$

从而

$$\partial_x \bar{w} = \frac{1}{A}(w(P_1)A_{21} + w(P_2)A_{22} + w(P_3)A_{23} + w(P_4)A_{24}).$$

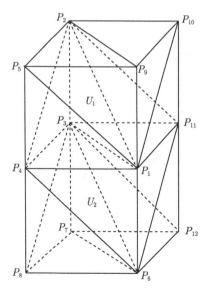

图 2.2 两个单元片

同理可得

$$\partial_x \tilde{w} = \frac{1}{B}(w(P_1)B_{21} + w(P_2)B_{22} + w(P_4)B_{23} + w(P_5)B_{24}),$$

其中,

$$B = \begin{vmatrix} 1 & 1 & 1 & 1 \\ x_1 & x_2 & x_4 & x_5 \\ y_1 & y_2 & y_4 & y_5 \\ z_1 & z_2 & z_4 & z_5 \end{vmatrix},$$

B_{ij} 是行列式 B 的 (i, j) 位置上的元素的代数余子式.

　　显然, $A = B = \mathrm{meas}(U_1)$, 于是

$$\begin{aligned} \partial_x \bar{w} - \partial_x \tilde{w} = \frac{1}{\mathrm{meas}(U_1)}((A_{21} - B_{21})w(P_1) + (A_{22} - B_{22})w(P_2) \\ + A_{23}w(P_3) + (A_{24} - B_{23})w(P_4) - B_{24}w(P_5)). \end{aligned}$$

由对称性知 $P_3 + P_5 = P_2 + P_4$, 且 $A_{23} = -B_{24}$, 故

$$\partial_x \bar{w} - \partial_x \tilde{w} = \frac{A_{23}}{\mathrm{meas}(U_1)}(w(P_3) - w(P_4) - (w(P_2) - w(P_5))). \tag{2.114}$$

同理可得

$$\partial_y \bar{w} - \partial_y \tilde{w} = \frac{A_{33}}{\mathrm{meas}(U_1)}(w(P_3) - w(P_4) - (w(P_2) - w(P_5))), \tag{2.115}$$

$$\partial_z \bar{w} - \partial_z \tilde{w} = \frac{A_{43}}{\mathrm{meas}(U_1)}(w(P_3) - w(P_4) - (w(P_2) - w(P_5))). \tag{2.116}$$

由 (2.114)—(2.116) 可得

$$\nabla \bar{w} - \nabla \tilde{w} = \frac{\vec{A}}{\mathrm{meas}(U_1)}(w(P_3) - w(P_4) - (w(P_2) - w(P_5))), \tag{2.117}$$

其中, $\vec{A} = (A_{23}, A_{33}, A_{43})^{\mathrm{T}}$ 且 $A_{i3} = O(h^2)$, $i = 2, 3, 4$.

　　为方便起见, 我们记 P_{i-j} 为四面体的边 P_iP_j 的中点, 于是在 e_1 上有下面的渐近展开式 (参见文献 [162] 定理 2.10)

$$u - \Pi_2 u = R_1 + R_2$$

且

$$|R_2|_{1, p, e_1} \leqslant Ch^3 |u|_{4, p, e_1}, \tag{2.118}$$

其中,

$$R_1 = \frac{1}{3!} D^3 u(P) \cdot \sum_{s \in J_1} (P - P_s)^3 \phi_s(P), \tag{2.119}$$

$$R_2 = \sum_{s \in J_1} \phi_s(P) \int_0^1 \frac{(-t)^3}{3!} \partial_t^4 u(P_s + t(P - P_s)) \, dt, \tag{2.120}$$

ϕ_s 为二次 Lagrange 插值节点 $P_s = (x_s, y_s, z_s)$ 对应的形函数, $D^3 u(P)$ 为 Fréchet 导数, $(P - P_s)^3 = (P - P_s, P - P_s, P - P_s)$.

每个单元上的 R_2 都有 (2.118) 这样的估计, 对单元求和即可得到

$$|R_2|_{1,p,\Omega} \leqslant C h^3 |u|_{4,p,\Omega}. \tag{2.121}$$

于是, 由 Hölder 不等式、引理 2.4 和 (2.121) 可得

$$|a(R_2, l)| \leqslant C h^3 \|u\|_{4,p,\Omega} |v|_{1,q,\Omega}. \tag{2.122}$$

接着估计 $|a(R_1, l)|$, $\forall w \in S_{0,1}^1(\Omega)$, 由格林公式,

$$a(R_1, w) = \sum_e \int_{\partial e} R_1 \vec{n}^{\mathrm{T}} \nabla w \, d\sigma - \int_\Omega R_1 \Delta w \, dV. \tag{2.123}$$

由于 $w \in S_{0,1}^h(\Omega)$, 于是

$$\int_\Omega R_1 \Delta w \, dV = 0. \tag{2.124}$$

现在估计 (2.123) 中的边界积分, 考虑两个相邻单元 e_1 和 e_2, 它们有公共的一个边界面 $\triangle P_1 P_2 P_4$, 且它们在 $\triangle P_1 P_2 P_4$ 上的外法线 $\vec{n}$ 方向相反, 于是由 (2.117) 知, 两单元 e_1 和 e_2 在 $\triangle P_1 P_2 P_4$ 上的面积分之和为

$$\Sigma_1 \equiv \int_{\triangle P_1 P_2 P_4} R_1 \vec{n}^{\mathrm{T}} (\nabla \bar{w} - \nabla \tilde{w}) \, d\sigma$$

$$= \int_{\triangle P_1 P_2 P_4} R_1 \vec{n}^{\mathrm{T}} \frac{\vec{A}}{\mathrm{meas}(U_1)} (w(P_3) - w(P_4) - (w(P_2) - w(P_5))) \, d\sigma.$$

对于与单元块 U_1 相邻的下一个单元块 U_2(图 2.2), 也可得到与上式类似的积分

$$\Sigma_2 \equiv \int_{\triangle P_6 P_3 P_8} R_1 \vec{n}^{\mathrm{T}} (\nabla \bar{w}' - \nabla \tilde{w}') \, d\sigma$$

$$= \int_{\triangle P_6 P_3 P_8} R_1 \vec{n}^{\mathrm{T}} \frac{\vec{A}'}{\mathrm{meas}(U_2)} (w(P_7) - w(P_8) - (w(P_3) - w(P_4))) \, d\sigma.$$

显然, $\vec{A} = \vec{A}'$, $\mathrm{meas}(U_1) = \mathrm{meas}(U_2) = h^3$, 因而在边界面积分求和时, Σ_1 与 Σ_2 中含公因子 $\vec{n}^{\mathrm{T}}\dfrac{\vec{A}}{\mathrm{meas}(U_1)}(w(P_3) - w(P_4))$ 的积分的和为

$$g(u) \equiv \vec{n}^{\mathrm{T}}\frac{\vec{A}}{\mathrm{meas}(U_1)}(w(P_3) - w(P_4))\left(\int_{\triangle P_1 P_2 P_4} R_1\,d\sigma - \int_{\triangle P_6 P_3 P_8} R_1\,d\sigma\right).$$

由高斯公式知

$$g(u) = C\vec{n}^{\mathrm{T}}\frac{\vec{A}}{\mathrm{meas}(U_1)}(w(P_3) - w(P_4))\int_G \partial_z R_1\,dV, \tag{2.125}$$

其中, G 是以 $\triangle P_1 P_2 P_4$ 和 $\triangle P_6 P_3 P_8$ 为上下两底的柱体.

经过详细验证 (参见附录) 可知, 对任何 $\chi \in P_3(G)$, 都有

$$g(\chi) = 0. \tag{2.126}$$

于是, 由 Bramble-Hilbert 引理[14] 可得

$$|g(u)| \leqslant Ch^3\|u\|_{4,p,\Omega}|w|_{1,q,\Omega}, \tag{2.127}$$

其中, $\dfrac{1}{p} + \dfrac{1}{q} = 1$.

在 Ω 内可以通过上面的方法完成单元消除, 而在 Ω 的边界 $\partial\Omega$ 上的面积分由于 $w = 0$ 而消除. 从而可得

$$|a(R_1\,,w)| \leqslant Ch^3\|u\|_{4,p,\Omega}\,|w|_{1,q,\Omega}. \tag{2.128}$$

特别, 取 $w = l = \Pi_1 v \in S_{0,1}^h(\Omega)$, 并利用引理 2.4 即得

$$|a(R_1\,,l)| \leqslant Ch^3\|u\|_{4,p,\Omega}\,|v|_{1,q,\Omega}. \tag{2.129}$$

由 (2.122) 和 (2.129) 可得

$$|a(u - \Pi_2 u\,,l)| \leqslant Ch^3\|u\|_{4,p,\Omega}\,|v|_{1,q,\Omega}. \tag{2.130}$$

最后, 利用 (2.109), (2.112) 和 (2.130) 即得 (2.108). 定理得证.

2.2.3　三棱柱有限元的弱估计

三棱柱元也是工程计算中常用的三维元, 它可以看作是三角形元和一维元的张量积形式, 具体可参见文献 [24]. 本节将介绍这种有限元的弱估计.

设 $\Omega = D \times (0, H)$ 是一个多角形柱体. 对平面域 D 作一致三角形剖分, 记三角形单元为 σ, 三角形网格尺寸为 h. 在 $(0, H)$ 上作拟一致剖分, 记小区间单元为

L, 小区间的最大长度为 k, 三棱柱单元记为 $e = \sigma \times L$, 见图 2.3. 若存在正常数 c_1 和 c_2, 使得 $c_1 k \leqslant h \leqslant c_2 k$, 这样的剖分就称为正规三棱柱剖分.

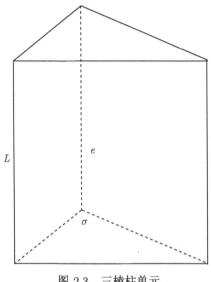

图 2.3 三棱柱单元

引进 $m \times n$ 次张量积多项式空间 $P_{m,n} = P_m \otimes P_n$, 即

$$q(x,y,z) = \sum_{(i,j,k) \in I_{m,n}} a_{ijk} x^i y^j z^k, \quad q \in P_{m,n},$$

其中, P_m 为 $(x,y) \in D$ 的 m 次多项式空间, P_n 为 $z \in (0,H)$ 的 n 次多项式空间, 指标集 $I_{m,n}$ 满足

$$I_{m,n} = \{(i,j,k)|i,j,k \geqslant 0, i+j \leqslant m, k \leqslant n\}.$$

定义 $m \times n$ 次张量积插值算子 $\Pi_{m,n} : C(\bar{e}) \cap H_0^1(e) \to P_{m,n}(e)$ 为

$$\Pi_{m,n} = \Pi_m \otimes \Pi_n = \Pi_n \otimes \Pi_m,$$

其中, Π_m 为 $(x,y) \in \sigma$ 的 m 次插值 (通常为 Lagrange 型) 算子, Π_n 为关于 $z \in L$ 的一维 n 次插值 (通常为 Lagrange 型或投影型) 算子.

对于所讨论的边值问题, 定义 $m \times n$ 次张量积三棱柱有限元空间

$$S_0^{h,k}(\Omega) = \left\{ v \in C(\bar{\Omega}) \cap H_0^1(\Omega) : v|_e \in P_{m,n}(e), \forall e \in \mathcal{T}^h \right\}.$$

显然, 插值算子 $\Pi_{m,n}$ 满足

$$\Pi_{m,n} : C(\bar{\Omega}) \cap H_0^1(\Omega) \to S_0^{h,k}(\Omega).$$

关于积分

$$a(u - \Pi_{m,n}u, \, v) = \int_\Omega \nabla(u - \Pi_{m,n}u) \cdot \nabla v \, dxdydz, \quad \forall v \in S_0^{h,k}(\Omega),$$

有下面的弱估计.

定理 2.8 (第一型弱估计)　设 $\mathcal{T}^h$ 是正规三棱柱剖分, $u \in W^{t,\infty}(\Omega) \cap H_0^1(\Omega)$, 则对任意的 $v \in S_0^{h,k}(\Omega)$, 有

$$\begin{aligned}
|a(u - \Pi_{m,n}u, \, v)| &\leqslant Ch^{m+1}\|u\|_{m+2,\infty,\Omega}|v|_{1,1,\Omega} \\
&\quad + Ck^{n+1}\|u\|_{n+2,\infty,\Omega}|v|_{1,1,\Omega},
\end{aligned} \tag{2.131}$$

其中, $t = \max\{m+2, n+2\}, m = 1, 2$.

证明　显然, 插值余项

$$\begin{aligned}
R &= u - \Pi_{m,n}u \\
&= (u - \Pi_m u) + (u - \Pi_n u) + \Pi_m(u - \Pi_n u) - (u - \Pi_n u) \\
&= R_\sigma + R_L + R^*,
\end{aligned} \tag{2.132}$$

其中, $R_\sigma = u - \Pi_m u$ 为关于 (x,y) 的 m 次三角形插值余项, $R_L = u - \Pi_n u$ 为关于 z 的 n 次一维插值余项, $R^* = \Pi_m(u - \Pi_n u) - (u - \Pi_n u)$ 为高阶项, 于是只需分析前面两项 R_σ 和 R_L.

对任何 $u \in W^{m+2,p}(\sigma)$, 有渐近展开式

$$\begin{aligned}
R_\sigma(Q) &= \frac{1}{(m+1)!}D^{m+1}u(Q) \cdot \sum_{i=1}^{s}(-1)^m(Q-Q_i)^{m+1}\phi_i(x,y) + R_{m+1} \\
&= R_0 + R_{m+1},
\end{aligned} \tag{2.133}$$

其中, $Q = (x,y,z) \in e$, $\{Q_i = (x_i, y_i, z_i)\}_{i=1}^s$ 为 σ 的节点集, $\{\phi_i\}_{i=1}^s$ 为相应的 m 次插值形函数, $D^{m+1}u(Q)$ 为 $u(Q)$ 的 $m+1$ 阶 Fréchet 导数, 且

$$|R_{m+1}|_{r,\infty,\sigma} \leqslant Ch^{m+2-r}|u|_{m+2,\infty,\sigma}. \tag{2.134}$$

其中, $r = 0, 1$.

先估计积分

$$\int_\Omega \nabla R_\sigma \cdot \nabla v \, dxdydz = \int_\Omega \nabla_{xy}R_\sigma \cdot \nabla_{xy}v \, dxdydz + \int_\Omega \partial_z R_\sigma \partial_z v \, dxdydz = I_{xy} + I_z,$$

其中, 算子 $\nabla_{xy} = \left(\dfrac{\partial}{\partial x}, \dfrac{\partial}{\partial y}\right)$.

由 $m = 1, 2$ 次三角形元的弱估计可得

$$\begin{aligned}
|I_{xy}| &\leqslant \int_0^H \left| \int_D \nabla_{xy} R_\sigma \cdot \nabla_{xy} v \, dx dy \right| dz \\
&\leqslant C h^{m+1} \int_0^H \|u\|_{m+2, \infty, D} |v|_{1, 1, D} \, dz \\
&\leqslant C h^{m+1} \|u\|_{m+2, \infty, \Omega} \int_0^H |v|_{1, 1, D} \, dz \\
&\leqslant C h^{m+1} \|u\|_{m+2, \infty, \Omega} |v|_{1, 1, \Omega},
\end{aligned}$$

即

$$|I_{xy}| \leqslant C h^{m+1} \|u\|_{m+2, \infty, \Omega} |v|_{1, 1, \Omega}. \tag{2.135}$$

由 (2.133) 知, 积分

$$I_z^e = \int_e \partial_z R_\sigma \partial_z v \, dx dy dz = \int_e \partial_z R_0 \partial_z v \, dx dy dz + \int_e \partial_z R_{m+1} \partial_z v \, dx dy dz. \tag{2.136}$$

由于

$$\begin{aligned}
R_0 &= \frac{1}{(m+1)!} D^{m+1} u(Q) \cdot \sum_{i=1}^s (-1)^m (Q - Q_i)^{m+1} \phi_i(x, y) \\
&= \sum_{(a, b) \in J} \frac{1}{(m+1)!} \partial_x^a \partial_y^b u(x, y, z) \sum_{i=1}^s (-1)^m (x - x_i)^a (y - y_i)^b \phi_i(x, y),
\end{aligned}$$

其中, 指标集 $J = \{(a, b) : 0 \leqslant a, b \leqslant m+1, a + b = m+1\}$, 于是

$$\partial_z R_0 = \sum_{(a, b) \in J} \frac{1}{(m+1)!} \partial_x^a \partial_y^b \partial_z u(x, y, z) \sum_{i=1}^s (-1)^m (x - x_i)^a (y - y_i)^b \phi_i(x, y).$$

容易得到

$$\left| \int_e \partial_z R_0 \partial_z v \, dx dy dz \right| \leqslant C h^{m+1} \|u\|_{m+2, \infty, \Omega} |v|_{1, 1, e}. \tag{2.137}$$

此外, 设 $e = \sigma \times L = \sigma \times (z_{i-1}, z_i)$, 于是

$$\begin{aligned}
\int_e \partial_z R_{m+1} \partial_z v \, dx dy dz &= \int_\sigma \left(\int_{z_{i-1}}^{z_i} \partial_z R_{m+1} \partial_z v \, dz \right) dx dy \\
&= \int_\sigma R_{m+1}(x, y, z_i) \partial_z v(x, y, z_i) dx dy
\end{aligned}$$

$$- \int_{\sigma} R_{m+1}(x, y, z_{i-1}) \partial_z v(x, y, z_{i-1}) dx dy$$

$$- \int_{\sigma} \left(\int_{z_{i-1}}^{z_i} R_{m+1} \partial_z^2 v \, dz \right) dx dy$$

$$= A_1 + A_2 + A_3.$$

由 (2.134) 及逆估计可得

$$|A_3| \leqslant Ch^{m+2} \|u\|_{m+2, \infty, \Omega} |v|_{2, 1, e} \leqslant Ch^{m+1} \|u\|_{m+2, \infty, \Omega} |v|_{1, 1, e}. \tag{2.138}$$

而

$$|A_1| \leqslant Ch^2 |R_{m+1}(x, y, z_i)|_{0, \infty, \sigma} |\partial_z v(x, y, z_i)|_{0, \infty, \sigma},$$

又由 (2.134) 及逆估计可得

$$|A_1| \leqslant Ch^{m+4} \|u\|_{m+2, \infty, \Omega} |v|_{1, \infty, e} \leqslant Ch^{m+1} \|u\|_{m+2, \infty, \Omega} |v|_{1, 1, e}. \tag{2.139}$$

同理

$$|A_2| \leqslant Ch^{m+1} \|u\|_{m+2, \infty, \Omega} |v|_{1, 1, e}. \tag{2.140}$$

由 (2.138)—(2.140) 知

$$\left| \int_e \partial_z R_{m+1} \partial_z v \, dx dy dz \right| \leqslant Ch^{m+1} \|u\|_{m+2, \infty, \Omega} |v|_{1, 1, e}. \tag{2.141}$$

利用 (2.136), (2.137) 和 (2.141) 可得

$$|I_z^e| \leqslant Ch^{m+1} \|u\|_{m+2, \infty, \Omega} |v|_{1, 1, e}.$$

对单元求和即得

$$|I_z| = \left| \int_{\Omega} \partial_z R_{\sigma} \partial_z v \, dx dy dz \right| \leqslant \sum_e |I_z^e| \leqslant Ch^{m+1} \|u\|_{m+2, \infty, \Omega} |v|_{1, 1, \Omega}. \tag{2.142}$$

于是, 由 (2.135) 和 (2.142) 得

$$\left| \int_{\Omega} \nabla R_{\sigma} \cdot \nabla v \, dx dy dz \right| \leqslant |I_{xy}| + |I_z| \leqslant Ch^{m+1} \|u\|_{m+2, \infty, \Omega} |v|_{1, 1, \Omega}. \tag{2.143}$$

现在来分析积分

$$L_e = \int_e \nabla R_L \cdot \nabla v \, dx dy dz.$$

设 Π_n 为关于 $z \in L = (z_{i-1}, z_i)$ 的一维 n 次投影型插值算子, 于是

$$R_L(x, y, z) = u - \Pi_n u = \sum_{i=n+1}^{\infty} \beta_i(x, y) \omega_i(z), \quad \forall (x, y, z) \in e \in \mathcal{T}^h,$$

其中,

$$\beta_0(x, y) = u(x, y, z_{i-1}), \quad \beta_i(x, y) = \int_L \partial_z u(x, y, z) l_{i-1}(z) \, dz = O(k^{i-\frac{1}{2}}), \quad i \geqslant 1,$$

$\{\omega_i(z)\}_{i=0}^{\infty}$ 为 L 上的 Lobatto 函数系, $\{l_i(z)\}_{i=0}^{\infty}$ 为 L 上的 Legendre 多项式系.

显然, 只需考虑主部 $r_{n+1} = \beta_{n+1}(x, y) \omega_{n+1}(z)$. 对任何 $v \in S_0^{h,k}(\Omega)$, 有

$$\left| \int_e \partial_x r_{n+1} \partial_x v \, dxdydz \right|$$

$$= \left| \int_e \left(\int_L \partial_x \partial_z u(x, y, z) l_n(z) \, dz \right) \omega_{n+1}(z) \partial_x v \, dxdydz \right|$$

$$= \left| \int_e \left(\int_L \partial_x \partial_z^{n+1} u(x, y, z) D^{-n} l_n(z) \, dz \right) \omega_{n+1}(z) \partial_x v \, dxdydz \right|$$

$$\leqslant Ck^{n+1} \|u\|_{n+2, \infty, \Omega} |v|_{1, 1, e},$$

即

$$\left| \int_e \partial_x r_{n+1} \partial_x v \, dxdydz \right| \leqslant Ck^{n+1} \|u\|_{n+2, \infty, \Omega} |v|_{1, 1, e}. \tag{2.144}$$

同理

$$\left| \int_e \partial_y r_{n+1} \partial_y v \, dxdydz \right| \leqslant Ck^{n+1} \|u\|_{n+2, \infty, \Omega} |v|_{1, 1, e}. \tag{2.145}$$

由 Legendre 多项式的正交性可知

$$\int_e \partial_z r_{n+1} \partial_z v \, dxdydz = \int_e \beta_{n+1}(x, y) l_n(z) \partial_z v \, dxdydz = 0. \tag{2.146}$$

由 (2.144)—(2.146) 知

$$\left| \int_e \nabla r_{n+1} \cdot \nabla v \, dxdydz \right| \leqslant Ck^{n+1} \|u\|_{n+2, \infty, \Omega} |v|_{1, 1, e}.$$

从而

$$|L_e| = \left| \int_e \nabla R_L \cdot \nabla v \, dxdydz \right| \leqslant Ck^{n+1} \|u\|_{n+2, \infty, \Omega} |v|_{1, 1, e}.$$

对单元求和即得

$$\left| \int_\Omega \nabla R_L \cdot \nabla v \, dxdydz \right| \leqslant \sum_e |L_e| \leqslant Ck^{n+1} \|u\|_{n+2, \infty, \Omega} |v|_{1, 1, \Omega}. \tag{2.147}$$

由 (2.132), (2.143) 和 (2.147) 可得 (2.131). 定理得证.

2.3   四维以上的张量积有限元的弱估计

2.1 节介绍了多维投影型插值算子的定义及其展开, 本节将在此基础上继续进行分析和论证, 导出四维以上 $(d \geqslant 4)$ 的张量积有限元的弱估计.

定理 2.9 (弱估计)   设 $\mathcal{T}^h$ 是 $\Omega \subset R^d(d \geqslant 4)$ 的正规张量积剖分, $S_0^h(\Omega)$ 和 Π_m 分别是 (2.6) 定义的张量积 m 次有限元空间和 (2.7) 定义的张量积 m 次投影型插值算子, $u \in W^{m+2,\infty}(\Omega) \cap H_0^1(\Omega)$, 则对任意的 $v \in S_0^h(\Omega)$, 有

$$|a(u - \Pi_m u, v)| \leqslant Ch^{m+1}\|u\|_{m+2,\infty,\Omega}|v|_{1,1,\Omega}, \quad m \geqslant 1, \tag{2.148}$$

$$|a(u - \Pi_m u, v)| \leqslant Ch^{m+2}\|u\|_{m+2,\infty,\Omega}|v|_{2,1,\Omega}^h, \quad m \geqslant 2, \tag{2.149}$$

其中 $|v|_{2,1,\Omega}^h = \sum\limits_{e \in \mathcal{T}^h} |v|_{2,1,e}$.

证明   由 Lobatto 函数 $\omega_{k,i}(x_k)$ 的性质, Legendre 多项式的正交性以及插值余项 R 的表达式 (2.8), 有

$$\int_e \nabla R \cdot \nabla v \, dX = \int_e \nabla r \cdot \nabla v \, dX \equiv I_e, \quad \forall e \in \mathcal{T}^h,$$

其中,

$$r = \left(\sum_{i_1=0}^{m} \sum_{i_2=0}^{m} \cdots \sum_{i_{d-1}=0}^{m} \sum_{i_d=m+1}^{m+2} + \sum_{i_1=0}^{m} \sum_{i_2=0}^{m} \cdots \sum_{i_{d-1}=m+1}^{m+2} \sum_{i_d=0}^{m+2} + \cdots \right.$$
$$\left. + \sum_{i_1=0}^{m} \sum_{i_2=m+1}^{m+2} \sum_{i_3=0}^{m+2} \cdots \sum_{i_d=0}^{m+2} + \sum_{i_1=m+1}^{m+2} \sum_{i_2=0}^{m+2} \cdots \sum_{i_{d-1}=0}^{m+2} \sum_{i_d=0}^{m+2} \right) \lambda_{i_1 i_2 \cdots i_d}. \tag{2.150}$$

显然, r 只含有限项.

在指标集 $\{i_k\}_{k=1}^d$ 中, 若有某一个指标 $i_k = m+1$ 或 $m+2$, 其他均为零, 则由 Legendre 多项式的正交性可知

$$\int_e \nabla \lambda_{i_1 i_2 \cdots i_d} \cdot \nabla v \, dX = 0. \tag{2.151}$$

现考虑只有两个指标非零的情况. 不失一般性, 假定 $i_1 \neq 0$, $i_2 \neq 0$ 且 $i_3 = i_4 = \cdots = i_d = 0$. 易见 $i_1 + i_2 \geqslant m+2$. 于是, 分部积分可得

$$\beta_{i_1 i_2 0 \cdots 0} = \int_{I_1 \times I_2} \partial_{x_1} \partial_{x_2} u(x_1, x_2, x_{3,e} - h_{3,e}, \cdots, x_{d,e} - h_{d,e})$$
$$\times l_{1,i_1-1}(x_1) l_{2,i_2-1}(x_2) \, dx_1 dx_2$$
$$= (-1)^{s+t} \int_{I_1 \times I_2} \partial_{x_1}^{s+1} \partial_{x_2}^{t+1} u(x_1, x_2, x_{3,e} - h_{3,e}, \cdots, x_{d,e} - h_{d,e})$$
$$\times D^{-s} l_{1,i_1-1}(x_1) D^{-t} l_{2,i_2-1}(x_2) \, dx_1 dx_2,$$

其中 $0 \leqslant s \leqslant i_1 - 1$, $0 \leqslant t \leqslant i_2 - 1$, $s + t = m$, 算子 $D^{-n}(n \geqslant 1)$ 为 n 阶积分算子, 满足

$$\frac{d^n}{dx_i^n}(D^{-n}\varphi(x_i)) = \varphi(x_i).$$

特别, 当 $n = 0$ 时,

$$D^{-n}\varphi(x_i) = \varphi(x_i).$$

于是

$$|\beta_{i_1 i_2 0 \cdots 0}| \leqslant Ch^{m+1}\|u\|_{m+2,\infty,e}. \tag{2.152}$$

此外,

$$\left|\int_e \nabla\lambda_{i_1 i_2 0 \cdots 0} \cdot \nabla v\, dX\right| \leqslant |\beta_{i_1 i_2 0 \cdots 0}| \left|\int_e \nabla\left(\omega_{1,i_1}(x_1)\omega_{2,i_2}(x_2)\right) \cdot \nabla v\, dX\right|$$
$$\leqslant C|\beta_{i_1 i_2 0 \cdots 0}| \int_e |\nabla v|\, dX.$$

进一步, 由 (2.152) 可得

$$\left|\int_e \nabla\lambda_{i_1 i_2 0 \cdots 0} \cdot \nabla v\, dX\right| \leqslant Ch^{m+1}\|u\|_{m+2,\infty,e}|v|_{1,1,e}. \tag{2.153}$$

同理, 不失一般性, 当 $i_k \neq 0$, $k = 1, 2, \cdots, j$ 和 $i_{j+1} = i_{j+2} = \cdots = i_d = 0$ 时, 有

$$\left|\int_e \nabla\lambda_{i_1 i_2 \cdots i_j 0 \cdots 0} \cdot \nabla v\, dX\right| \leqslant Ch^{m+1}\|u\|_{m+2,\infty,e}|v|_{1,1,e}. \tag{2.154}$$

最后, 当所有的指标都不为零, 即 $i_k \neq 0$, $k = 1, 2, \cdots, d$ 时, 显然, $\sum\limits_{k=1}^{d} i_k \geqslant m + d$. 分部积分可得

$$\beta_{i_1 i_2 \cdots i_d} = \int_e \partial_{x_1}\partial_{x_2}\cdots\partial_{x_d}u(X)$$
$$\times l_{1,i_1-1}(x_1)l_{2,i_2-1}(x_2)\cdots l_{d,i_d-1}(x_d)\, dX$$
$$= (-1)^{s_1+s_2+\cdots+s_d}\int_e \partial_{x_1}^{s_1+1}\partial_{x_2}^{s_2+1}\cdots\partial_{x_d}^{s_d+1}u(X)$$
$$\times D^{-s_1}l_{1,i_1-1}(x_1)D^{-s_2}l_{2,i_2-1}(x_2)\cdots D^{-s_d}l_{d,i_d-1}(x_d)\, dX,$$

其中 $0 \leqslant s_k \leqslant i_k - 1$, $k = 1, \cdots, d$, 且 $\sum\limits_{k=1}^{d} s_k = m + 2 - d$. 于是

$$|\beta_{i_1 i_2 \cdots i_d}| \leqslant Ch^{m+2-\frac{d}{2}}\|u\|_{m+2,\infty,e}. \tag{2.155}$$

显然,

$$\left| \int_e \nabla \lambda_{i_1 i_2 \cdots i_d} \cdot \nabla v \, dX \right| \leqslant |\beta_{i_1 i_2 \cdots i_d}| \left| \int_e \nabla \left(\omega_{1,i_1}(x_1) \omega_{2,i_2}(x_2) \cdots \omega_{d,i_d}(x_d) \right) \cdot \nabla v \, dX \right|$$

$$\leqslant Ch^{\frac{d-2}{2}} |\beta_{i_1 i_2 \cdots i_d}| \int_e |\nabla v| \, dX.$$

进一步, 结合 (2.155) 可得

$$\left| \int_e \nabla \lambda_{i_1 i_2 \cdots i_d} \cdot \nabla v \, dX \right| \leqslant Ch^{m+1} \|u\|_{m+2, \infty, e} |v|_{1, 1, e}. \tag{2.156}$$

利用 (2.150), (2.151), (2.153), (2.154) 和 (2.156) 可得

$$|I_e| \leqslant Ch^{m+1} \|u\|_{m+2, \infty, e} |v|_{1, 1, e}. \tag{2.157}$$

对单元求和即得 (2.148). 下面将证明 (2.149).

考虑有限元次数 $m \geqslant 2$ 的情况, 不失一般性, 假定 $i_k \neq 0$, $k = 1, 2, \cdots, j$, 且 $i_{j+1} = i_{j+2} = \cdots = i_d = 0$, 有

$$I_{i_1 i_2 \cdots i_j 0 \cdots 0} \equiv \int_e \nabla \lambda_{i_1 i_2 \cdots i_j 0 \cdots 0} \cdot \nabla v \, dX$$

$$= \beta_{i_1 i_2 \cdots i_j 0 \cdots 0} \int_e \nabla \left(\omega_{1,i_1}(x_1) \omega_{2,i_2}(x_2) \cdots \omega_{j,i_j}(x_j) \right) \cdot \nabla v \, dX$$

$$= \beta_{i_1 i_2 \cdots i_j 0 \cdots 0} \int_e \partial_{x_1} \left(\omega_{1,i_1}(x_1) \omega_{2,i_2}(x_2) \cdots \omega_{j,i_j}(x_j) \right) \partial_{x_1} v \, dX$$

$$+ \beta_{i_1 i_2 \cdots i_j 0 \cdots 0} \int_e \partial_{x_2} \left(\omega_{1,i_1}(x_1) \omega_{2,i_2}(x_2) \cdots \omega_{j,i_j}(x_j) \right) \partial_{x_2} v \, dX + \cdots$$

$$+ \beta_{i_1 i_2 \cdots i_j 0 \cdots 0} \int_e \partial_{x_j} \left(\omega_{1,i_1}(x_1) \omega_{2,i_2}(x_2) \cdots \omega_{j,i_j}(x_j) \right) \partial_{x_j} v \, dX$$

$$= I_1 + I_2 + \cdots + I_j,$$

即

$$I_{i_1 i_2 \cdots i_j 0 \cdots 0} = I_1 + I_2 + \cdots + I_j. \tag{2.158}$$

假定 $i_1 \geqslant m+1$, 于是 $i_1 \geqslant m+1 \geqslant 3$. 由 Legendre 多项式的正交性可得

$$I_1 = \beta_{i_1 i_2 \cdots i_j 0 \cdots 0} \int_e l_{1,i_1-1}(x_1) \omega_{2,i_2}(x_2) \cdots \omega_{j,i_j}(x_j) \partial_{x_1} v \, dX = 0. \tag{2.159}$$

此外, 分部积分可得

$$I_2 = -\beta_{i_1 i_2 \cdots i_j 0 \cdots 0} \int_e D^{-1} \omega_{1,i_1}(x_1) l_{2,i_2-1}(x_2) \cdots \omega_{j,i_j}(x_j) \partial_{x_1} \partial_{x_2} v \, dX. \tag{2.160}$$

类似于 (2.152) 的论证, 有

$$|\beta_{i_1 i_2 \cdots i_j 0 \cdots 0}| \leqslant Ch^{m+2-\frac{j}{2}} \|u\|_{m+2,\infty,e}. \tag{2.161}$$

由 Lobatto 函数和 Legendre 函数的性质知

$$D^{-1} \omega_{1,i_1}(x_1) l_{2,i_2-1}(x_2) \cdots \omega_{j,i_j}(x_j) = O(h^{\frac{j}{2}}). \tag{2.162}$$

结合 (2.160)—(2.162) 即得

$$|I_2| \leqslant Ch^{m+2} \|u\|_{m+2,\infty,e} |v|_{2,1,e}. \tag{2.163}$$

类似可得

$$|I_k| \leqslant Ch^{m+2} \|u\|_{m+2,\infty,e} |v|_{2,1,e}, \quad k = 3, \cdots, j. \tag{2.164}$$

利用 (2.158), (2.159), (2.163) 和 (2.164), 有

$$|I_{i_1 i_2 \cdots i_j 0 \cdots 0}| \leqslant Ch^{m+2} \|u\|_{m+2,\infty,e} |v|_{2,1,e}, \quad k = 3, \cdots, j. \tag{2.165}$$

当所有的 i_k, $k = 1, \cdots, d$ 都不为零时, 类似于上面的论证, 易得

$$\left| \int_e \nabla \lambda_{i_1 i_2 \cdots i_d} \cdot \nabla v \, dX \right| \leqslant Ch^{m+2} \|u\|_{m+2,\infty,e} |v|_{2,1,e}. \tag{2.166}$$

于是, 由 (2.150), (2.151), (2.165) 和 (2.166), 有

$$|I_e| \leqslant Ch^{m+2} \|u\|_{m+2,\infty,e} |v|_{2,1,e}.$$

单元求和即得 (2.149).

第3章　多维离散格林函数与多维离散导数格林函数

本章的内容主要来源于文献 [73], 部分内容是对文献 [73] 中内容的完善和改进. 本章介绍在有限元超收敛研究中具有重要地位和作用的多种格林函数及其性质, 具体包括: 正则格林函数、正则导数格林函数、离散格林函数和离散导数格林函数. 我们将给出它们的定义、性质及相互的关系, 并给出它们的各种重要估计.

3.1　多维离散 δ 函数及其估计

根据第 1 章对有限元空间 V_h 的假定, 不难验证下面命题成立.

命题 3.1　在 V_h 中存在基 $\varphi_i, i = 1, \cdots, M, M = O(h^{-d})$ 满足

(1) $\|\varphi_i\|_{0,\infty} \leqslant C$, $\|\varphi_i\|_{1,\infty} \leqslant Ch^{-1}$, $i = 1, 2, \cdots, M$;

(2) 存在常数 C, 使 $\mathrm{diam}(\mathrm{supp}(\varphi_i)) \leqslant Ch$, $i = 1, 2, \cdots, M$;

(3) 存在常数 C, 使

$$\mathrm{card}\left\{e : \mathrm{supp}(\varphi_i) \cap e \neq \varnothing, e \in \mathcal{T}^h\right\} \leqslant C,$$

其中 $\mathrm{card}(E)$ 为集合 E 的元素的个数;

(4) 如果 $v = \sum_{k=1}^{M} v_k \varphi_k \in V_h$, 且 $e \cap \mathrm{supp}(\varphi_k) \neq \varnothing, e \in \mathcal{T}^h$, 则

$$|v_k| \leqslant Ch^{-\frac{d}{2}} \|v\|_{0,e},$$

其中, C 与 M, h 无关.

命题 3.2[162]　假定 $\{p_k\}$ 为一个非负数列, 满足

$$\sum_{l=k+1}^{\infty} p_l \leqslant Fp_k, \quad k = 1, 2, \cdots,$$

则

$$p_{k+1} \leqslant F\left(\frac{F}{F+1}\right)^{k-1} p_1.$$

由于 V_h 是 $L^p(\Omega)$ 的一个有限维子空间, 而对任意的 $Z \in \bar{\Omega}$, 线性泛函

$$f(v) = v(Z), \quad \forall v \in V_h.$$

关于 L^p 范数是连续的, 因此, 存在唯一的函数 $\delta_Z^h \in V_h$, 使得

$$(v, \delta_Z^h) = v(Z), \quad \forall v \in V_h. \tag{3.1}$$

函数 δ_Z^h 叫做以 Z 为奇点的离散 δ 函数. 若用 $\partial_{Z,\ell}\delta_Z^h$ 表示 δ_Z^h 在 Z 处沿着方向 $\ell \in R^d$, $|\ell| = 1$ 的方向导数, 则 $\partial_{Z,\ell}\delta_Z^h \in V_h$, 且

$$(v, \partial_{Z,\ell}\delta_Z^h) = \partial_\ell v(Z), \quad \forall v \in V_h. \tag{3.2}$$

定理 3.1 关于 δ_Z^h 和 $\partial_{Z,\ell}\delta_Z^h$, 有

$$\delta_X^h(Z) = \delta_Z^h(X), \quad \forall X, Z \in \Omega, \tag{3.3}$$

$$\|\delta_Z^h\|_0 \leqslant Ch^{-\frac{d}{2}}, \quad \|\delta_Z^h\|_{0,\infty} \leqslant Ch^{-d}, \tag{3.4}$$

$$\|\partial_{Z,\ell}\delta_Z^h\|_0 \leqslant Ch^{-1-\frac{d}{2}}, \quad \|\partial_{Z,\ell}\delta_Z^h\|_{0,\infty} \leqslant Ch^{-1-d}, \tag{3.5}$$

$$\left|\delta_Z^h(X)\right| \leqslant Ch^{-d}e^{-Ch^{-1}|X-Z|}, \tag{3.6}$$

$$\left|\partial_{Z,\ell}\delta_Z^h(X)\right| \leqslant Ch^{-d-1}e^{-Ch^{-1}|X-Z|}, \tag{3.7}$$

$$\left|\partial_{X,\ell}\partial_{Z,\ell}\delta_Z^h(X)\right| \leqslant Ch^{-d-2}e^{-Ch^{-1}|X-Z|}, \tag{3.8}$$

其中, C 与 X, Z 无关.

证明 显然

$$\delta_X^h(Z) = (\delta_Z^h, \delta_X^h) = (\delta_X^h, \delta_Z^h) = \delta_Z^h(X).$$

(3.3) 得证. 此外

$$\|\delta_Z^h\|_0^2 = (\delta_Z^h, \delta_Z^h) = \delta_Z^h(Z) \leqslant \|\delta_Z^h\|_{0,\infty} \leqslant Ch^{-\frac{d}{2}}\|\delta_Z^h\|_0,$$

于是

$$\|\delta_Z^h\|_0 \leqslant Ch^{-\frac{d}{2}},$$

由逆估计得

$$\|\delta_Z^h\|_{0,\infty} \leqslant Ch^{-d}.$$

(3.4) 得证. 最后

$$\|\partial_{Z,\ell}\delta_Z^h\|_0^2 = (\partial_{Z,\ell}\delta_Z^h, \partial_{Z,\ell}\delta_Z^h) = \partial_{X,\ell}\partial_{Z,\ell}\delta_Z^h(X)|_{X=Z}$$

$$\leqslant |\partial_{Z,\ell}\delta_Z^h|_{1,\infty} \leqslant Ch^{-1-\frac{d}{2}}\|\partial_{Z,\ell}\delta_Z^h\|_0.$$

从而

$$\|\partial_{Z,\ell}\delta_Z^h\|_0 \leqslant Ch^{-1-\frac{d}{2}},$$

由逆估计可得

$$\|\partial_{Z,\ell}\delta_Z^h\|_{0,\infty} \leqslant Ch^{-\frac{d}{2}}\|\partial_{Z,\ell}\delta_Z^h\|_0 \leqslant Ch^{-1-d}.$$

(3.5) 得证. 下面证明 (3.6)—(3.8).

令 $D_0 = \varnothing$ 为空集, 记

$$D_1 = \cup\{e : e \in \mathcal{T}^h, Z \in \bar{e}\}, \quad D_k = \cup\{e : e \in \mathcal{T}^h, \bar{e} \cap \bar{D}_{k-1} \neq D_0\}, \quad k = 2,3,4,\cdots.$$

对于 $k \neq 0$, 选取 $v \in V_h$, 使得 $v|_{D_k} = \delta_Z^h|_{D_k}$, 于是

$$\|\delta_Z^h\|_0^2 = \delta_Z^h(Z) = v(Z) = (v,\delta_Z^h) = \|\delta_Z^h\|_{0,D_k}^2 + (v,\delta_Z^h)_{\Omega\backslash D_k}.$$

进而

$$\|\delta_Z^h\|_{0,\Omega\backslash D_k}^2 = (v,\delta_Z^h)_{\Omega\backslash D_k} \leqslant \|v\|_{0,\Omega\backslash D_k}\|\delta_Z^h\|_{0,\Omega\backslash D_k}.$$

因此得到

$$\|\delta_Z^h\|_{0,\Omega\backslash D_k} \leqslant \inf\{\|v\|_{0,\Omega\backslash D_k} : v|_{D_k} = \delta_Z^h|_{D_k}, v \in V_h\}. \tag{3.9}$$

令 $\{\varphi_j\}$ 是有限元空间 V_h 的基函数集, 假定

$$\delta_Z^h = \sum_{j=1}^{M} a_j\varphi_j, \quad v = \sum_{j=1}^{M} v_j\varphi_j,$$

且

$$v_j = \begin{cases} a_j, & \mathrm{supp}\varphi_j \cap D_k \neq D_0, \\ 0, & \text{其他}. \end{cases}$$

记 $R_k = D_k \backslash D_{k-1}, \ k = 1,2,\cdots$, 于是

$$\|v\|_{0,\Omega\backslash D_k}^2 = \|v\|_{0,R_{k+1}}^2 = \sum_{e \subset R_{k+1}} \|v\|_{0,e}^2. \tag{3.10}$$

对于 $e \subset R_{k+1}$, 有 $v(X) = \sum_{i=1}^{M} a_i\varphi_i(X), \ X \in e.$ 记

$$|a_i^*| = \max_i |a_i|, \quad \|\varphi_i^*\|_{0,e} = \max_i \|\varphi_i\|_{0,e}.$$

由逆估计可得

$$\|v\|_{0,e} \leqslant C|a_i^*|\|\varphi_i^*\|_{0,e} \leqslant C\|\delta_Z^h\|_{0,\infty,e'}\|\varphi_i^*\|_{0,e} \leqslant C\|\delta_Z^h\|_{0,e'},$$

其中, $e' \subset R_k$.

于是

$$\|v\|_{0,R_{k+1}}^2 = \sum_{e \subset R_{k+1}} \|v\|_{0,e}^2 \leqslant F \sum_{e' \subset R_k} \|\delta_Z^h\|_{0,e'}^2 = F\|\delta_Z^h\|_{0,R_k}^2, \tag{3.11}$$

其中, F 是一个正常数.

利用 (3.10) 和 (3.11) 可得

$$\|v\|_{0,\Omega \setminus D_k}^2 = \|v\|_{0,R_{k+1}}^2 \leqslant F\|\delta_Z^h\|_{0,R_k}^2. \tag{3.12}$$

结合 (3.9) 和 (3.12) 即得

$$\sum_{l>k} \|\delta_Z^h\|_{0,R_l}^2 = \|\delta_Z^h\|_{0,\Omega \setminus D_k}^2 \leqslant \|v\|_{0,\Omega \setminus D_k}^2 \leqslant F\|\delta_Z^h\|_{0,R_k}^2. \tag{3.13}$$

令 $p_k = \|\delta_Z^h\|_{0,R_k}^2$, 由 (3.13) 和命题 3.2 知

$$\|\delta_Z^h\|_{0,R_{k+1}}^2 \leqslant F\left(\frac{F}{F+1}\right)^{k-1} \|\delta_Z^h\|_{0,R_1}^2 = F\left(\frac{F}{F+1}\right)^{k-1} \|\delta_Z^h\|_{0,D_1}^2. \tag{3.14}$$

由 (3.4) 可得

$$\|\delta_Z^h\|_{0,D_1}^2 \leqslant \|\delta_Z^h\|_{0,\infty,\Omega}^2 \cdot \mathrm{meas}(D_1) \leqslant Ch^{-d}. \tag{3.15}$$

结合 (3.14) 和 (3.15) 即得

$$\|\delta_Z^h\|_{0,R_{k+1}}^2 \leqslant CF\left(\frac{F}{F+1}\right)^{k-1} h^{-d}. \tag{3.16}$$

对任意的 $X \in \bar{\Omega}$, 存在一个 R_{k+1} 使得 $X \in R_{k+1}$. 于是由逆估计可得

$$|\delta_Z^h(X)| \leqslant \|\delta_Z^h\|_{0,\infty,R_{k+1}} \leqslant Ch^{-\frac{d}{2}} \|\delta_Z^h\|_{0,R_{k+1}} \leqslant CF^{\frac{1}{2}}\left(\frac{F}{F+1}\right)^{\frac{k-1}{2}} h^{-d}. \tag{3.17}$$

由 D_k 和 R_k 的定义知 $k = O(h^{-1}|X-Z|)$. 于是存在一个与 X 和 Z 无关的正常数 Q, 使得

$$Q \leqslant \frac{k-1}{2h^{-1}|X-Z|} \ln \frac{F+1}{F} \leqslant 2Q.$$

所以

$$\left(\frac{F}{F+1}\right)^{\frac{k-1}{2}} \leqslant \mathrm{e}^{-Ch^{-1}|X-Z|}.$$

结合 (3.17) 可得结果 (3.6). 类似于 (3.6) 的论证方法, 也可以证明结果 (3.7).

由 (3.3) 知

$$\delta_X^h(Z) = \delta_Z^h(X) = \sum_{i=1}^{M} \sum_{j=1}^{M} a_{ij} \varphi_i(X) \varphi_j(Z), \tag{3.18}$$

其中, $a_{ij} = a_{ji}$. 若令 Z_i, $i = 1, \cdots, M$ 为节点, 则基函数 φ_i 满足

$$\varphi_j(Z_i) = \delta_{ij} = \begin{cases} 1, & i = j, \\ 0, & i \neq j. \end{cases}$$

则由 (3.6) 知

$$|a_{ij}| = \left| \delta_{Z_j}^h(Z_i) \right| \leqslant C h^{-d} \mathrm{e}^{-Ch^{-1}|Z_i - Z_j|}. \tag{3.19}$$

引入指标集 $J_X = \{i : X \in \mathrm{supp}(\varphi_i)\}$, 于是对任意的 $X, Z \in \Omega$, 由 (3.18), (3.19) 和命题 3.1 可得

$$\begin{aligned} \left| \partial_{X,\ell} \partial_{Z,\ell} \delta_Z^h(X) \right| &= \left| \sum_{i \in J_X} \sum_{j \in J_Z} a_{ij} \partial_{X,\ell} \varphi_i(X) \partial_{Z,\ell} \varphi_j(Z) \right| \\ &\leqslant C h^{-2} \max_{i \in J_X, j \in J_Z} |a_{ij}| \\ &\leqslant C h^{-d-2} \mathrm{e}^{-Ch^{-1}|X-Z|}. \end{aligned}$$

(3.8) 得证.

由上面定理很容易导出下面的推论.

推论 3.1 当 $|X - Z| \geqslant \delta_0 = \mathrm{const} > 0$ 时, 对任何正整数 m, 存在常数 $C = C(m, \delta_0)$, 使得

$$\left| \delta_Z^h(X) \right| \leqslant C h^m, \quad \left| \partial_{Z,\ell} \delta_Z^h(X) \right| \leqslant C h^m, \quad \left| \partial_{X,\ell} \partial_{Z,\ell} \delta_Z^h(X) \right| \leqslant C h^m. \tag{3.20}$$

定理 3.2 存在常数 $C > 0$, 使得

$$\left\| \delta_Z^h \right\|_{0,p} + h \left\| \partial_{Z,\ell} \delta_Z^h \right\|_{0,p} + h \left\| \delta_Z^h \right\|_{1,p} + h^2 \left\| \partial_{Z,\ell} \delta_Z^h \right\|_{1,p} \leqslant C h^{-d+\frac{d}{p}}, \ 1 \leqslant p \leqslant \infty. \tag{3.21}$$

证明 由 (3.6) 知

$$\begin{aligned} \left\| \delta_Z^h \right\|_{0,p} &= \left(\int_\Omega \left| \delta_Z^h(X) \right|^p dX \right)^{\frac{1}{p}} \\ &\leqslant C \left(\int_\Omega h^{-dp} \mathrm{e}^{-ch^{-1}p|X-Z|} dX \right)^{\frac{1}{p}} \\ &\leqslant C h^{-d+\frac{d}{p}} (p^{-d})^{\frac{1}{p}} \left(\int_0^\infty \mathrm{e}^{-ct} t^{d-1} dt \right)^{\frac{1}{p}} \\ &\leqslant C h^{-d+\frac{d}{p}}. \end{aligned}$$

类似可得 $\left\|\partial_{Z,\ell}\delta_Z^h\right\|_{0,p} \leqslant Ch^{-d-1+\frac{d}{p}}$, 由逆估计可得

$$h^{-1}\left\|\delta_Z^h\right\|_{1,p} + \left\|\partial_{Z,\ell}\delta_Z^h\right\|_{1,p} \leqslant Ch^{-d-2+\frac{d}{p}}.$$

(3.21) 得证.

3.2 多维 L^2 投影及其估计

由于 $V_h \subset L^2(\Omega)$ 为一个有限维空间, 因而对任意的 $u \in L^2(\Omega)$, 存在唯一元 $P_h u \in V_h$, 使得

$$(u - P_h u, v) = 0, \quad \forall v \in V_h. \tag{3.22}$$

称 $P_h u$ 为 u 的 L^2 投影, P_h 叫做 L^2 投影算子. 显然有稳定性估计

$$\|P_h u\|_0 \leqslant \|u\|_0, \quad \forall u \in L^2(\Omega). \tag{3.23}$$

由于 $V_h \subset L^\infty \subset L^p$, 因而若 $u \in L^q(\Omega)$, $1 \leqslant q \leqslant \infty$, 且 $\dfrac{1}{p} + \dfrac{1}{q} = 1$, 内积 (u,v), $\forall v \in V_h$ 仍有意义, 不难验证仍有

$$(u - P_h u, v) = 0, \quad \forall v \in V_h. \tag{3.24}$$

类似于文献 [162] 中定理 3.7 的论证, 可以证明下面定理.

定理 3.3 存在与 h, q 无关的常数 $C > 0$, 使得

$$\|P_h u\|_{0,q} \leqslant C^t \|u\|_{0,q}, \quad \forall u \in L^q(\Omega), \tag{3.25}$$

其中, $t = \left|1 - \dfrac{2}{q}\right|$, $1 \leqslant q \leqslant \infty$. 易证如下推论成立.

推论 3.2 取 C 为定理 3.3 的常数, 则对任意的 $u \in L^q(\Omega)$, 有

$$\|u - P_h u\|_{0,q} \leqslant (1 + C^t)\inf_{v \in V_h}\|u - v\|_{0,q}, \quad 1 \leqslant q \leqslant \infty. \tag{3.26}$$

定理 3.4 设 $u \in W^{1,q}(\Omega)$, $d < q \leqslant \infty$, 则存在 $C = C(q) > 0$, 使得

$$\|P_h u\|_{1,q} \leqslant C\|u\|_{1,q}, \tag{3.27}$$

$$\|u - P_h u\|_{1,q} \leqslant C\inf_{v \in V_h}\|u - v\|_{1,q}. \tag{3.28}$$

特别, 若 $u \in W^{1,q}(\Omega) \cap C(\bar{\Omega})$, $1 \leqslant q \leqslant \infty$, 则 (3.27) 和 (3.28) 也成立.

证明　若 $u \in W^{1,q}(\Omega)$, 当 $q > d$ 时, 有嵌入关系 $W^{1,q}(\Omega) \hookrightarrow C(\bar{\Omega})$, 故插值 Πu 存在, 且由 (3.26) 知

$$\|u - P_h u\|_{0,q} \leqslant C\|u - \Pi u\|_{0,q} \leqslant Ch\|u\|_{1,q}.$$

又由于

$$\|u - P_h u\|_{1,q} \leqslant \|u - v\|_{1,q} + \|v - P_h u\|_{1,q}, \quad \forall v \in V_h,$$

特别, 取 $v = \Pi u$, 得

$$\begin{aligned}
\|u - P_h u\|_{1,q} &\leqslant C\|u\|_{1,q} + Ch^{-1}\|\Pi u - P_h u\|_{0,q} \\
&\leqslant C\|u\|_{1,q} + Ch^{-1}\|\Pi u - u\|_{0,q} + Ch^{-1}\|u - P_h u\|_{0,q} \\
&\leqslant C\|u\|_{1,q},
\end{aligned}$$

故

$$\|P_h u\|_{1,q} \leqslant \|u\|_{1,q} + \|u - P_h u\|_{1,q} \leqslant C\|u\|_{1,q}, \quad \forall u \in W^{1,q}(\Omega).$$

(3.27) 得证.

任取 $v \in V_h$, 在 (3.27) 中用 $u - v$ 代替 u, 可得

$$\|P_h(u - v)\|_{1,q} \leqslant C\|u - v\|_{1,q}.$$

从而

$$\|u - P_h u\|_{1,q} \leqslant \|u - v\|_{1,q} + \|P_h u - v\|_{1,q} \leqslant C\|u - v\|_{1,q},$$

于是

$$\|u - P_h u\|_{1,q} \leqslant C \inf_{v \in V_h} \|u - v\|_{1,q}.$$

(3.28) 得证.

当 $u \in W^{1,q}(\Omega) \cap C(\bar{\Omega})$, $1 \leqslant q \leqslant \infty$ 时, 由于插值函数 Πu 存在, 上述论证仍然成立, 从而 (3.27) 和 (3.28) 也成立.

3.3　权函数及其性质

我们引入权函数

$$\phi \equiv \phi(X) = \left(|X - \bar{X}|^2 + \theta^2\right)^{-\frac{d}{2}},$$

其中 $\bar{X} \in \Omega$ 为固定点, $\theta = \gamma h$.

任给 $\alpha \in R$, 定义带权的范数

$$\|v\|_{\phi^\alpha, \Omega} = \left(\int_\Omega \phi^\alpha |v|^2 dX \right)^{\frac{1}{2}},$$

并引入下面记号

$$|\nabla^m v|^2 = \sum_{|\beta|=m} \left| D^\beta v \right|^2, \quad \|v\|^2_{m, \phi^\alpha, \Omega} = \sum_{k=0}^m \left| \nabla^k v \right|^2_{\phi^\alpha, \Omega},$$

其中,

$$\left| \nabla^k v \right|_{\phi^\alpha, \Omega} = \left(\int_\Omega \phi^\alpha \left| \nabla^k v \right|^2 dX \right)^{\frac{1}{2}},$$

$\beta = (\beta_1, \beta_2, \cdots, \beta_d)$ 为重指标.

对于权函数 $\phi(X)$, 我们有如下性质.

性质 3.1

$$|\nabla^m \phi^\alpha(X)| \leqslant C(\alpha, m, d) \phi^{\alpha + \frac{m}{d}}, \quad \forall \alpha \in R, \quad m = 1, 2, \cdots. \tag{3.29}$$

性质 3.2

$$|\nabla^m \phi^\alpha(X)| \leqslant C(\alpha, m, d) \theta^{-m} \phi^\alpha, \quad \forall \alpha \in R, \quad m = 1, 2, \cdots. \tag{3.30}$$

特别, $|\nabla \phi^\alpha(X)| \leqslant \dfrac{d}{2} |\alpha| \theta^{-1} \phi^\alpha$.

性质 3.3 存在常数 $C > 0$, 使

$$\int_\Omega \phi^\alpha(X) dX \leqslant C(\alpha - 1)^{-1} \theta^{-d(\alpha-1)}, \quad \forall \alpha > 1. \tag{3.31}$$

性质 3.4 存在常数 $C > 0$, 使

$$\int_\Omega \phi^\alpha(X) dX \leqslant C(\alpha) = C \cdot \frac{1}{1-\alpha}, \quad \forall 0 < \alpha < 1, \tag{3.32}$$

其中, C 与 α 无关.

性质 3.5 若 $\theta \leqslant \beta < 1$, 则存在 $C(\beta) > 0$, 使得

$$\int_\Omega \phi(X) dX \leqslant C(\beta) |\ln \theta|. \tag{3.33}$$

性质 3.6 当 $\theta \geqslant d|\alpha| h, \alpha \neq 0$ 时, 有

$$\frac{\max\limits_{X \in \bar{e}} \phi^\alpha(X)}{\min\limits_{X \in \bar{e}} \phi^\alpha(X)} \leqslant 2, \quad \forall e \in \mathcal{T}^h. \tag{3.34}$$

性质 3.7   设 $B(\bar{X}, \delta h)$ 是以 X 为中心, δh 为半径的球, 则

$$\int_{B(\bar{X}, \delta h)} \phi(X)dX \leqslant C\delta^d \left(\frac{h}{\theta}\right)^d. \tag{3.35}$$

性质 3.1 和性质 3.2 经过复杂的验算即可得证. 下面仅证明性质 3.3—性质 3.7.

证明   令 $D = \mathrm{diam}(\Omega)$, 则

当 $\alpha > 1$ 时,

$$\int_{\Omega} \phi^{\alpha}(X)dX \leqslant \int_{B(\bar{X}, D)} \phi^{\alpha}(X)dX \leqslant C\int_0^D \frac{r^{d-1}dr}{(r^2 + \theta^2)^{\frac{d\alpha}{2}}}$$

$$\leqslant \frac{C}{d}\int_0^{\infty} \frac{dr^d}{(r^d + \theta^d)^{\alpha}} \leqslant C(\alpha - 1)^{-1}\theta^{-d(\alpha-1)}.$$

当 $\alpha = 1$ 时,

$$\int_0^D \frac{r^{d-1}dr}{(r^2 + \theta^2)^{\frac{d}{2}}} \leqslant C\int_0^D \frac{r^{d-1}dr}{r^d + \theta^d}$$

$$\leqslant C\left[|\ln\theta| + \frac{1}{d}\ln\left(D^d + \theta^d\right)\right]$$

$$\leqslant C\left[1 + \frac{\ln\left(1 + D^d\right)}{d|\ln\beta|}\right]|\ln\theta|,$$

故, 若 $\theta \leqslant \beta < 1$, 有

$$\int_{\Omega} \phi(X)dX \leqslant C(\beta)|\ln\theta|.$$

当 $0 < \alpha < 1$ 时,

$$\int_0^D \frac{r^{d-1}dr}{(r^2 + \theta^2)^{\frac{d\alpha}{2}}} \leqslant \int_0^D \frac{dr^d}{d\left(r^d + \theta^d\right)^{\alpha}} \leqslant C\frac{1}{1 - \alpha}.$$

性质 3.3—性质 3.5 得证.

$\forall e \in T^h$, 取 $X' \in \bar{e}$, 使得

$$\phi^{\alpha}(X') = \max_{X \in \bar{e}} \phi^{\alpha}(X).$$

则 $\forall X \in e$, 利用 Taylor 展开得

$$\phi^{\alpha}(X') = \phi^{\alpha}(X) + \nabla\phi^{\alpha}(\xi) \cdot (X' - X).$$

由于 $|X' - X| \leqslant h$, 利用 $\phi(X)$ 的性质 3.2, 有

$$\phi^{\alpha}(X') \leqslant \phi^{\alpha}(X) + \phi^{\alpha}(X')\frac{|\alpha|h}{\theta} \cdot \frac{d}{2},$$

因而, 若 $\theta \geqslant d|\alpha|h$, 有

$$\frac{\phi^{\alpha}(X')}{\phi^{\alpha}(X)} \leqslant \frac{1}{1 - \dfrac{d|\alpha|h}{2\theta}} \leqslant 2,$$

故

$$\frac{\max\limits_{X \in \bar{e}} \phi^{\alpha}(X)}{\min\limits_{X \in \bar{e}} \phi^{\alpha}(X)} \leqslant 2.$$

最后

$$\int_{B(\bar{X}, \delta h)} \phi(X) dX \leqslant C \int_0^{\delta h} \frac{r^{d-1} dr}{(r^2 + \theta^2)^{\frac{d}{2}}} \leqslant \frac{C}{d} \ln \left(r^d + \theta^d \right) \big|_0^{\delta h}$$

$$\leqslant \frac{C}{d} \ln \left(1 + \frac{\delta^d h^d}{\theta^d} \right) \leqslant C \delta^d \left(\frac{h}{\theta} \right)^d.$$

性质 3.6 和性质 3.7 得证.

3.4 权范数及其重要估计

本节给出几个重要的权范数估计, 利用它们可以获得格林函数的有关估计.

定理 3.5 设 $\mathcal{L}$ 为问题 (1.1) 中的二阶椭圆算子, $v \in H^2(\Omega) \cap H_0^1(\Omega)$, $q_0 > 2$, 则对任意 $\alpha \in R$, 存在常数 $C = C(\alpha, d, \Omega) > 0$, 使得

$$\left\| \nabla^2 v \right\|_{\phi-\alpha}^2 \leqslant C \left(\left\| \mathcal{L}v \right\|_{\phi-\alpha}^2 + |v|_{1, \phi-\alpha+\frac{2}{d}}^2 + \|v\|_{\phi-\alpha+\frac{4}{d}}^2 \right). \tag{3.36}$$

特别, 当 $v \in H_0^2(\Omega)$ 时, 有

$$\left\| \nabla^2 v \right\|_{\phi-\alpha}^2 \leqslant C \left(\left\| \Delta v \right\|_{\phi-\alpha}^2 + |v|_{1, \phi-\alpha+\frac{2}{d}}^2 + \|v\|_{\phi-\alpha+\frac{4}{d}}^2 \right). \tag{3.37}$$

证明 由三角不等式和定理 1.5 可得

$$\left\| \nabla^2 v \right\|_{\phi-\alpha}^2 = \int_{\Omega} \phi^{-\alpha} \left| \nabla^2 v \right|^2 dX = \int_{\Omega} \left(\phi^{-\frac{\alpha}{2}} \left| \nabla^2 v \right| \right)^2 dX$$

$$\leqslant C \left(\int_{\Omega} \left| \nabla^2 \left(\phi^{-\frac{\alpha}{2}} v \right) \right|^2 dX + \int_{\Omega} \left| \nabla^2 \phi^{-\frac{\alpha}{2}} v \right|^2 dX + \int_{\Omega} \left| \nabla \phi^{-\frac{\alpha}{2}} \right|^2 |\nabla v|^2 dX \right)$$

$$\leqslant C \left(\left\| \nabla^2 \left(\phi^{-\frac{\alpha}{2}} v \right) \right\|_0^2 + \|v\|_{\phi-\alpha+\frac{4}{d}}^2 + |v|_{1, \phi-\alpha+\frac{2}{d}}^2 \right)$$

$$\leqslant C \left(\left\| \mathcal{L} \left(\phi^{-\frac{\alpha}{2}} v \right) \right\|_0^2 + \|v\|_{\phi-\alpha+\frac{4}{d}}^2 + |v|_{1, \phi-\alpha+\frac{2}{d}}^2 \right)$$

$$\leqslant C \left(\int_{\Omega} \phi^{-\alpha} |\mathcal{L}v|^2 dX + \int_{\Omega} \left| \nabla \phi^{-\frac{\alpha}{2}} \right|^2 |\nabla v|^2 dX + \int_{\Omega} \left| \nabla \phi^{-\frac{\alpha}{2}} \right|^2 |v|^2 dX \right.$$

$$\left. + \int_{\Omega} \left| \nabla^2 \phi^{-\frac{\alpha}{2}} \right|^2 |v|^2 dX + \|v\|_{\phi-\alpha+\frac{4}{d}}^2 + |v|_{1, \phi-\alpha+\frac{2}{d}}^2 \right)$$

$$\leqslant C \left(\left\| \mathcal{L}v \right\|_{\phi-\alpha}^2 + |v|_{1, \phi-\alpha+\frac{2}{d}}^2 + \|v\|_{\phi-\alpha+\frac{4}{d}}^2 \right).$$

(3.36) 得证. 当 $v \in H_0^2(\Omega)$ 时, 有 $|\Delta v|_0 = |\nabla^2 v|_0$, 类似于上面的论证即可证明 (3.37).

类似于文献 [162] 中第三章引理 4—引理 7 的论证, 可以证明下面的定理 3.6—定理 3.9.

定理 3.6 (插值误差的权范数估计)　设 Π 为 k 次 Lagrange 插值或投影型插值算子, 则对任意的 $e \in \mathcal{T}^h$, 存在与 $\alpha \in R$ 无关的常数 C, 使得对 $m = 0, 1, 2$, 有

$$|\nabla^m(u - \Pi u)|_{\phi^\alpha, e} \leqslant Ch^{k+1-m} |\nabla^{k+1} u|_{\phi^\alpha, e}, \tag{3.38}$$

$$|\nabla^m(u - \Pi u)|_{\phi^\alpha} \leqslant Ch^{k+1-m} |\nabla^{k+1} u|_{\phi^\alpha}. \tag{3.39}$$

此外, 对于任意的 $\epsilon, \beta \in R$, 还存在与 $\gamma = \dfrac{\theta}{h}$ 无关的常数 $C = C(\epsilon, \beta)$, 使得对 $m = 0, 1$, 有

$$|\nabla^m(\phi^\epsilon v - \Pi(\phi^\epsilon v))|_{\phi^{-\beta}} \leqslant C\frac{h}{\theta} \left(|v|_{\phi^{2\epsilon + \frac{2}{d} - \beta}} + |\nabla v|_{\phi^{2\epsilon - \beta}} \right), \quad \forall v \in V_h, \tag{3.40}$$

这里, $\theta \geqslant d|\epsilon|h, \ \gamma > 1$.

定理 3.7　设 $a(\cdot, \cdot)$ 为问题 (1.2) 中的双线性型, $2 < q_0 \leqslant \infty, d \geqslant 2$, 且 $f \in H_0^1(\Omega), w \in H_0^1(\Omega)$ 满足

$$a(w, v) = (f, v), \quad \forall v \in H_0^1(\Omega),$$

则当 $\alpha > 0, \beta < \min\left\{ \alpha - \dfrac{2}{d}, 0, 1 - \dfrac{2}{q_0} - \dfrac{2}{d} \right\}$ 时, 有

$$|\nabla^2 w|_{\phi^\alpha}^2 \leqslant C\theta^{d(\beta - \alpha) + 2} |\nabla f|_{\phi^\beta}^2. \tag{3.41}$$

定理 3.8　设 $\alpha \in R, u \in H_0^1(\Omega) \cap C(\bar{\Omega})$, u_h 是 u 的有限元逼近, Π 为 Lagrange 插值或投影型插值算子, 则

$$\|u - u_h\|_{1, \phi^{-\alpha}}^2 \leqslant C \left(\|\psi - \Pi\psi\|_{1, \phi^\alpha}^2 + \|u - u_h\|_{\phi^{-\alpha + \frac{2}{d}}}^2 \right), \tag{3.42}$$

其中 $\psi = \phi^{-\alpha}(u - u_h)$. 特别, 当 $0 < \alpha < \min\left\{ \dfrac{4}{d}, 1 - \dfrac{2}{q_0} + \dfrac{2}{d} \right\}$ 时, 有

$$\|u - u_h\|_{\phi^{-\alpha + \frac{2}{d}}} \leqslant C \|u - u_h\|_{1, \phi^{-\alpha}}, \tag{3.43}$$

$$\|u - u_h\|_{1, \phi^{-\alpha}} \leqslant C \|\psi - \Pi\psi\|_{1, \phi^\alpha}. \tag{3.44}$$

定理 3.9　设 k 是有限元空间的次数, $\alpha \in R, u \in H_0^1(\Omega) \cap C(\bar{\Omega})$, u_h 是 u 的有限元逼近, Π 为 Lagrange 插值或投影型插值算子, 则当 $1 \leqslant s \leqslant k$ 时, 有

$$\|\psi - \Pi\psi\|_{1, \phi^\alpha}^2 \leqslant Ch^{2s} |\nabla^{s+1} u|_{\phi^{-\alpha}}^2 + C\gamma^{-2} \left(|\nabla(u - u_h)|_{\phi^{-\alpha}}^2 + |u - u_h|_{\phi^{-\alpha + \frac{2}{d}}}^2 \right), \tag{3.45}$$

其中, $\psi \equiv \phi^{-\alpha}(u - u_h)$, $\gamma = \dfrac{\theta}{h} > 1$. 当 γ 适当大时, 有

$$\|u - u_h\|_{1,\,\phi^{-\alpha}}^2 \leqslant Ch^{2s} \left|\nabla^{s+1}u\right|_{\phi^{-\alpha}}^2 + C\gamma^{-2} \|u - u_h\|_{\phi^{-\alpha+\frac{2}{d}}}^2, \tag{3.46}$$

这里, C 与 $\bar{X}$, h, γ, u 无关.

3.5 多维正则格林函数及其 Galerkin 逼近

众所周知, 格林函数在有限元超收敛研究中具有重要的作用, 对于一、二维有限元问题, 格林函数的研究已趋于完善, 对于三维以上的多维有限元问题, 格林函数的估计相当困难, 进而超收敛研究也进展缓慢. 近年来, 作者及其合作者对多维格林函数做了深入研究, 得到了许多好的结果, 并利用这些结果研究了多维有限元的超收敛性, 取得了成功. 本节主要阐述作者在多维正则格林函数研究方面取得的重要成果.

3.5.1 定义

记 $V = H^1(\Omega)$ 或 $H_0^1(\Omega)$, 对于离散 δ 函数 $\delta_Z^h \in V_h \subset W^{1,\infty}(\Omega)$, 可以定义 V 上的线性泛函

$$f(v) = (\delta_Z^h, v) = P_h v(Z), \quad \forall v \in V.$$

显然, f 是 V 上的连续线性泛函, 因而存在唯一的函数 $G_Z^* \in W^{2,q}(\Omega) \cap W_0^{1,q}(\Omega)$, $1 < q < q_0$, 使得

$$a(G_Z^*, v) = (\delta_Z^h, v) = P_h v(Z), \quad \forall v \in V, \tag{3.47}$$

此时, 称 G_Z^* 为 Z 处的正则格林函数.

此外, 由有限元的定义知, 存在唯一的函数 $G_Z^h \in V_h$, 使得

$$a(G_Z^h, v) = (\delta_Z^h, v) = v(Z), \quad \forall v \in V_h. \tag{3.48}$$

显然,

$$a(G_Z^* - G_Z^h, v) = 0, \quad \forall v \in V_h, \tag{3.49}$$

即 G_Z^h 是 G_Z^* 的有限元逼近. 称 G_Z^h 为 Z 处的离散格林函数.

3.5.2 多维正则格林函数的几个估计

为了得到多维正则格林函数的估计, 需要给出如下的离散 δ 函数和离散导数 δ 函数的权范数估计.

定理 3.10　对任何实数 $\alpha > 0$, 有

$$\left\| \delta_Z^h \right\|_{\phi^{-\alpha}} + h \left\| \nabla \delta_Z^h \right\|_{\phi^{-\alpha}} + h \left\| \partial_Z \delta_Z^h \right\|_{\phi^{-\alpha}} \leqslant Ch^{\frac{(\alpha-1)d}{2}}. \tag{3.50}$$

证明

$$\begin{aligned}
\left\| \delta_Z^h \right\|_{\phi^{-\alpha}}^2 &\leqslant C \int_{\Omega} \left(|X - Z|^2 + \theta^2 \right)^{\frac{d\alpha}{2}} h^{-2d} e^{-Ch^{-1}|X-Z|} dX \\
&\leqslant C \int_0^{\infty} \left(r^2 + \theta^2 \right)^{\frac{d\alpha}{2}} h^{-2d} e^{-Ch^{-1}r} r^{d-1} dr,
\end{aligned}$$

令 $h^{-1}r = t$, 于是

$$\begin{aligned}
\left\| \delta_Z^h \right\|_{\phi^{-\alpha}}^2 &\leqslant Ch^{(\alpha-1)d} \int_0^{\infty} \left(t^2 + \gamma^2 \right)^{\frac{d\alpha}{2}} e^{-Ct} t^{d-1} dt \\
&\leqslant Ch^{(\alpha-1)d}.
\end{aligned}$$

同理可得

$$\left\| \partial_Z \delta_Z^h \right\|_{\phi^{-\alpha}}^2 \leqslant Ch^{(\alpha-1)d-2}.$$

由于 $\delta_Z^h(X) = \delta_X^h(Z)$, $\forall X, Z \in \bar{\Omega}$, 类似可得

$$\left\| \nabla \delta_Z^h \right\|_{\phi^{-\alpha}}^2 \leqslant Ch^{(\alpha-1)d-2},$$

于是 (3.50) 得证.

定理 3.11　假设 $q_0 > 2$, 则对任意的 $0 < \varepsilon < \min \left\{ 1, \dfrac{d-2}{2} \right\}$, 有

$$|G_Z^*|_{\phi^{1-\varepsilon}} \leqslant Ch^{2-d+\frac{\varepsilon d}{2}}. \tag{3.51}$$

证明　令 $r = \dfrac{1+\varepsilon}{1-\varepsilon}, r' = \dfrac{1+\varepsilon}{2\varepsilon}$, 此时 $\dfrac{1}{r} + \dfrac{1}{r'} = 1$, 于是

$$\begin{aligned}
\|G_Z^*\|_{\phi^{1-\varepsilon}}^2 &= \int_{\Omega} \phi^{1-\varepsilon} |G_Z^*|^2 dX \leqslant \left(\int_{\Omega} \phi^{1+\varepsilon} dX \right)^{\frac{1-\varepsilon}{1+\varepsilon}} |G_Z^*|_{0, \frac{1+\varepsilon}{\varepsilon}}^2 \\
&\leqslant C \left(\varepsilon^{-1} \theta^{-d\varepsilon} \right)^{\frac{1-\varepsilon}{1+\varepsilon}} \|G_Z^*\|_{0, \frac{1+\varepsilon}{\varepsilon}}^2.
\end{aligned}$$

而

$$\begin{aligned}
\|G_Z^*\|_{0, \frac{1+\varepsilon}{\varepsilon}}^{\frac{1+\varepsilon}{\varepsilon}} &= \left(G_Z^*, |G_Z^*|^{\frac{1}{\varepsilon}} \operatorname{sgn} G_Z^* \right) = a(G_Z^*, w) = (\delta_Z^h, w) = P_h w(Z) \\
&\leqslant |P_h w|_{0, \infty} \leqslant Ch^{-\frac{d}{q}} |P_h w|_{0, q} \leqslant Ch^{-\frac{d}{q}} |w|_{0, q},
\end{aligned}$$

其中, $q \geqslant 1, w \in H_0^1(\Omega)$ 满足

$$a(v, w) = \left(v, |G_Z^*|^{\frac{1}{\varepsilon}} \operatorname{sgn} G_Z^* \right), \quad \forall v \in H_0^1(\Omega).$$

令 $q = \dfrac{d(1+\varepsilon)}{d - 2(1+\varepsilon)} > 1, \dfrac{1}{p} = \dfrac{1}{q} + \dfrac{2}{d}$, 则 $p = 1 + \varepsilon < 2$.

由嵌入定理及先验估计, 有

$$|w|_{0,q} \leqslant C \|w\|_{2,p} \leqslant C \|G_Z^*\|_{0, \frac{1+\varepsilon}{\varepsilon}}^{\frac{1}{\varepsilon}}.$$

于是

$$\|G_Z^*\|_{0, \frac{1+\varepsilon}{\varepsilon}}^2 \leqslant Ch^{-\frac{2d}{q}} = Ch^{4 - \frac{2d}{1+\varepsilon}},$$

所以

$$\|G_Z^*\|_{\phi^{1-\varepsilon}}^2 \leqslant Ch^{4 - 2d + \varepsilon d},$$

(3.51) 得证.

定理 3.12　设 $q_0 > 2, \alpha \in R$, 则

$$\left\| \nabla^2 G_Z^* \right\|_{\phi^{-\alpha}}^2 \leqslant C \left\| \delta_Z^h \right\|_{\phi^{-\alpha}}^2 + C \left\| G_Z^* \right\|_{\phi^{-\alpha + \frac{4}{d}}}^2, \tag{3.52}$$

特别, 当 $\dfrac{4}{d} - 1 < \alpha < \dfrac{4}{d} - 1 + \min\left\{1, \dfrac{d}{2} - 1\right\}$ 时, 有

$$\left\| \nabla^2 G_Z^* \right\|_{\phi^{-\alpha}} \leqslant Ch^{\frac{(\alpha-1)d}{2}}. \tag{3.53}$$

证明　由 (3.36) 知

$$\begin{aligned}
\left\| \nabla^2 G_Z^* \right\|_{\phi^{-\alpha}}^2 &\leqslant C \left(\left\| \mathcal{L} G_Z^* \right\|_{\phi^{-\alpha}}^2 + \left| G_Z^* \right|_{1, \phi^{-\alpha + \frac{2}{d}}}^2 + \left\| G_Z^* \right\|_{\phi^{-\alpha + \frac{4}{d}}}^2 \right) \\
&\leqslant C \left\| \delta_Z^h \right\|_{\phi^{-\alpha}}^2 + C \left| a \left(G_Z^*, \phi^{-\alpha + \frac{2}{d}} G_Z^* \right) \right| + C \left\| G_Z^* \right\|_{\phi^{-\alpha + \frac{4}{d}}}^2 \\
&\leqslant C \left\| \delta_Z^h \right\|_{\phi^{-\alpha}}^2 + C \left| \left(\delta_Z^h, \phi^{-\alpha + \frac{2}{d}} G_Z^* \right) \right| + C \left\| G_Z^* \right\|_{\phi^{-\alpha + \frac{4}{d}}}^2 \\
&\leqslant C \left\| \delta_Z^h \right\|_{\phi^{-\alpha}}^2 + C \left\| G_Z^* \right\|_{\phi^{-\alpha + \frac{4}{d}}}^2,
\end{aligned}$$

(3.52) 得证. 再由 (3.50)—(3.52) 即可得证 (3.53).

定理 3.13　对任何 $\alpha \in R$, 有

$$\left\| \nabla G_Z^* \right\|_{\phi^{-\alpha}}^2 \leqslant C \left\| \delta_Z^h \right\|_{\phi^{-\alpha - \frac{2}{d}}}^2 + C \left\| G_Z^* \right\|_{\phi^{-\alpha + \frac{2}{d}}}^2, \tag{3.54}$$

特别, 当 $\dfrac{2}{d} - 1 < \alpha < \dfrac{2}{d} - 1 + \min\left\{1, \dfrac{d}{2} - 1\right\}, q_0 > 2$ 时,

$$\left\| \nabla G_Z^* \right\|_{\phi^{-\alpha}} \leqslant Ch^{\frac{2 + (\alpha-1)d}{2}}. \tag{3.55}$$

定理 3.14　设 $q_0 > 2$, 则

$$\|G_Z^*\|_{2,1} \leqslant \begin{cases} C|\ln h|, & d = 2, \\ C|\ln h|^{\frac{2}{3}}, & d = 3, \\ C|\ln h|^{\frac{1}{2}}, & d = 4, \\ C|\ln h|^{\frac{9}{5}}, & d = 5, \\ C|\ln h|^{\frac{4}{3}}, & d = 6, \\ Ch^{\frac{4-d}{2}}, & d \geqslant 7. \end{cases} \tag{3.56}$$

证明　当 $d = 2$ 时, $\|G_Z^*\|_{2,1} \leqslant C|\ln h|$, 参见文献 [162] 第 122 页推论 1.

由于

$$\|G_Z^*\|_{2,1}^2 \leqslant \int_\Omega \phi^\alpha dX \cdot \|\nabla^2 G_Z^*\|_{\phi^{-\alpha}}^2,$$

当 $d = 4$ 时, 取 α 满足 $\dfrac{4}{d} - 1 < \alpha < \dfrac{4}{d} - 1 + \min\left\{1, \dfrac{d}{2} - 1\right\}$, 即 $0 < \alpha < 1$, 由 (3.32) 和 (3.53), 有

$$\|G_Z^*\|_{2,1}^2 \leqslant C \frac{h^{(\alpha-1)d}}{1-\alpha}.$$

于是

$$\|G_Z^*\|_{2,1}^2 \leqslant C \inf_{0 < \alpha < 1} \frac{h^{(\alpha-1)d}}{1-\alpha} = C|\ln h|.$$

当 $d \geqslant 7$ 时, 易知

$$\|G_Z^*\|_{2,1}^2 \leqslant C \inf_{\frac{4}{d}-1 < \alpha < \frac{4}{d}} \frac{h^{(\alpha-1)d}}{1-\alpha} = Ch^{4-d}.$$

当 $d = 3, 5$ 时, 证明可见文献 [81, 86]. $d = 6$ 时, 我们已在另一文献给出了结果的证明. (3.56) 得证.

注　$d \geqslant 7$ 时的结果应该不是最优的.

定理 3.15　设 $q_0 > 2$, 则对任何 $Z \in \Omega$, 存在与 Z, h 无关的常数 $C > 0$, 使得

$$\|G_Z^*\|_0 \leqslant \begin{cases} C, & d < 4, \\ C|\ln h|^{\frac{3}{4}}, & d = 4, \\ Ch^{\frac{4-d}{2}}, & d > 4. \end{cases} \tag{3.57}$$

证明　当 $d < 4$ 时, 有嵌入关系 $H^2 \equiv W^{2,2} \hookrightarrow L^\infty$, 于是有

$$\|w\|_{0,\infty} \leqslant C\|w\|_2, \quad \forall w \in H^2(\Omega).$$

令 $g = G_Z^*$, 由正则性假定, 存在 $w \in H^2(\Omega) \cap V$, 使得

$$\|g\|_0^2 = (g, g) = a(g, w) = (\delta_Z^h, w) \leqslant C\|w\|_{0,\infty} \leqslant C\|w\|_2 \leqslant C\|g\|_0,$$

可见

$$\|G_Z^*\|_0 \leqslant C.$$

当 $d = 4$ 时, 也存在 $w \in H^2(\Omega) \cap V$, 使得

$$\|g\|_0^2 = (\delta_Z^h, w) \leqslant Ch^{-\frac{4}{q}} \|w\|_{0,q} \leqslant Cq^{\frac{3}{4}} h^{-\frac{4}{q}} \|w\|_{1,4} \leqslant Cq^{\frac{3}{4}} h^{-\frac{4}{q}} \|w\|_{2,2}, \quad (3.58)$$

其中, $q \gg 1$(参见文献 [25] 的定理 1.2.5).

利用先验估计 (定理 1.5) 有

$$\|w\|_{2,2} \leqslant C \|g\|_0.$$

将上式代入 (3.58) 并约去因子 $\|g\|_0$ 得

$$\|g\|_0 \leqslant Cq^{\frac{3}{4}} h^{-\frac{4}{q}}.$$

若令 $q = |\ln h|$, 则 $h^{-\frac{4}{q}} = e^4$, 故有

$$\|g\|_0 \leqslant C|\ln h|^{\frac{3}{4}}.$$

当 $d > 4$ 时, 有嵌入关系 $W^{2,2} \hookrightarrow L^q$, 其中 $q = \dfrac{2d}{d-4}$. 于是, 由正则性假定, 存在 $w \in H^2(\Omega) \cap V$, 使得

$$\|g\|_0^2 = (g, g) = a(g, w) = (\delta_Z^h, w) \leqslant Ch^{-\frac{d}{q}} \|w\|_{0,q} \leqslant Ch^{-\frac{d}{q}} \|w\|_{2,2},$$

同样利用先验估计可得

$$\|g\|_0 \leqslant Ch^{-\frac{d}{q}} = Ch^{\frac{4-d}{2}}.$$

(3.57) 得证.

定理 3.16 设 $q_0 > 2$, 则对任意的 $Z \in \Omega$, 有

$$\|G_Z^*\|_1 \leqslant Ch^{\frac{2-d}{2}} |\ln h|^{\frac{d-1}{d}}. \quad (3.59)$$

注 该定理将在稍后予以证明.

3.5.3 多维离散格林函数的几个估计

定理 3.17 设 $q_0 > 2, V = H_0^1(\Omega)$, 则

$$\left\|G_Z^* - G_Z^h\right\|_{1,\phi^{-\alpha}} \leqslant Ch^{\frac{2+(\alpha-1)d}{2}}, \quad (3.60)$$

其中,

$$\max\left\{\frac{4}{d} - 1, 0\right\} < \alpha < \min\left\{\frac{4}{d}, \frac{4}{d} + \frac{d}{2} - 2, 1 - \frac{2}{q_0} + \frac{2}{d}\right\}. \quad (3.61)$$

证明　由 (3.46) 知

$$\left\| G_Z^* - G_Z^h \right\|_{1,\,\phi^{-\alpha}}^2 \leqslant Ch^2 \left| \nabla^2 G_Z^* \right|_{\phi^{-\alpha}}^2 + C \left\| G_Z^* - G_Z^h \right\|_{\phi^{-\alpha+\frac{2}{d}}}^2$$

$$\leqslant \hat{C} \left(h^2 \left| \nabla^2 G_Z^* \right|_{\phi^{-\alpha}}^2 + \left\| G_Z^* - G_Z^h \right\|_{\phi^{-\alpha+\frac{2}{d}}}^2 \right).$$

由 (3.53) 和 (3.61), 利用类似于文献 [162] 第三章引理 6 的方法可得

$$\left\| G_Z^* - G_Z^h \right\|_{\phi^{-\alpha+\frac{2}{d}}}^2 \leqslant \frac{2}{3\hat{C}} \left\| G_Z^* - G_Z^h \right\|_{1,\,\phi^{-\alpha}}^2,$$

所以

$$\left\| G_Z^* - G_Z^h \right\|_{1,\,\phi^{-\alpha}}^2 \leqslant Ch^{2+(\alpha-1)d},$$

(3.60) 得证.

定理 3.18　在定理 3.17 的条件下, 有

$$\left\| G_Z^* - G_Z^h \right\|_{1,1} \leqslant \begin{cases} Ch|\ln h|, & d=2, \quad q_0 > 2, \\ Ch^{2-\frac{3}{q_0}}, & d=3, \quad 2 < q_0 < \dfrac{12}{5}, \\ Ch^{\frac{3}{4}}, & d=3, \quad q_0 \geqslant \dfrac{12}{5}, \\ Ch^{2-\frac{4}{q_0}}, & d=4, \quad 2 < q_0 < 4, \\ Ch|\ln h|^{\frac{1}{2}}, & d=4, \quad q_0 \geqslant 4, \\ Ch^{2-\frac{d}{q_0}}, & d>4, \quad 2 < q_0 < \dfrac{2d}{d-2}, \\ Ch^{\frac{6-d}{2}}, & d>4, \quad q_0 \geqslant \dfrac{2d}{d-2}. \end{cases} \tag{3.62}$$

证明　显然

$$\left\| G_Z^* - G_Z^h \right\|_{1,1}^2 \leqslant \int_\Omega \phi^\alpha dX \cdot \left\| G_Z^* - G_Z^h \right\|_{1,\,\phi^{-\alpha}}^2.$$

当 $d=2$ 时,

$$\left\| G_Z^* - G_Z^h \right\|_{1,1} \leqslant Ch|\ln h|.$$

(参见文献 [162] 第三章定理 3.8.)

当 $d=3$ 时, 若 $2 < q_0 < \dfrac{12}{5}$, 此时 $\dfrac{1}{3} < \alpha < \dfrac{5}{3} - \dfrac{2}{q_0} < 1$.

由 (3.32) 和 (3.60) 得

$$\left\| G_Z^* - G_Z^h \right\|_{1,1}^2 \leqslant C \frac{h^{2+d(\alpha-1)}}{1-\alpha},$$

对 α 取下确界得

$$\left\| G_Z^* - G_Z^h \right\|_{1,1}^2 \leqslant C \inf_\alpha \frac{h^{2+d(\alpha-1)}}{1-\alpha} = Ch^{4-\frac{6}{q_0}},$$

即

$$\left\| G_Z^* - G_Z^h \right\|_{1,1} \leqslant Ch^{2-\frac{3}{q_0}}.$$

若 $q_0 \geqslant \dfrac{12}{5}$, 此时 $\dfrac{1}{3} < \alpha < \dfrac{5}{6} < 1$, 同样可得

$$\left\| G_Z^* - G_Z^h \right\|_{1,1}^2 \leqslant C \inf_\alpha \frac{h^{2+d(\alpha-1)}}{1-\alpha} = Ch^{\frac{3}{2}},$$

即

$$\left\| G_Z^* - G_Z^h \right\|_{1,1} \leqslant Ch^{\frac{3}{4}}.$$

当 $d = 4$ 时, 若 $2 < q_0 < 4$, 此时 $0 < \alpha < \dfrac{3}{2} - \dfrac{2}{q_0} < 1$, 于是

$$\left\| G_Z^* - G_Z^h \right\|_{1,1}^2 \leqslant C \inf_\alpha \frac{h^{2+d(\alpha-1)}}{1-\alpha} = Ch^{4-\frac{8}{q_0}},$$

即

$$\left\| G_Z^* - G_Z^h \right\|_{1,1} \leqslant Ch^{2-\frac{4}{q_0}}.$$

若 $q_0 \geqslant 4$, 此时 $0 < \alpha < 1$, 于是

$$\left\| G_Z^* - G_Z^h \right\|_{1,1}^2 \leqslant C \inf_\alpha \frac{h^{2+d(\alpha-1)}}{1-\alpha} = Ch^2 |\ln h|,$$

即

$$\left\| G_Z^* - G_Z^h \right\|_{1,1} \leqslant Ch |\ln h|^{\frac{1}{2}}.$$

当 $d > 4$ 时, 若 $2 < q_0 < \dfrac{2d}{d-2}$, 此时 $0 < \alpha < 1 - \dfrac{2}{q_0} + \dfrac{2}{d} < 1$, 于是

$$\left\| G_Z^* - G_Z^h \right\|_{1,1}^2 \leqslant C \inf_\alpha \frac{h^{2+d(\alpha-1)}}{1-\alpha} = Ch^{4-\frac{2d}{q_0}},$$

即

$$\left\| G_Z^* - G_Z^h \right\|_{1,1} \leqslant Ch^{2-\frac{d}{q_0}}.$$

若 $q_0 \geqslant \dfrac{2d}{d-2}$, 此时 $0 < \alpha < \dfrac{4}{d} < 1$, 于是

$$\left\| G_Z^* - G_Z^h \right\|_{1,1}^2 \leqslant C \inf_\alpha \frac{h^{2+d(\alpha-1)}}{1-\alpha} = Ch^{6-d},$$

即

$$\left\| G_Z^* - G_Z^h \right\|_{1,1} \leqslant Ch^{\frac{6-d}{2}}.$$

(3.62) 得证.

应该指出的是, 定理 3.18 的部分结果并非最优阶的. 事实上, 我们已经获得了下面更好的结果.

定理 3.19　设 $q_0 > 2$, $V = H_0^1(\Omega)$, 则

$$\left\| G_Z^* - G_Z^h \right\|_{1,1} \leqslant \begin{cases} Ch|\ln h|, & d = 2, \\ Ch^{2-\frac{3}{q_0}}, & d = 3, \quad 2 < q_0 < \dfrac{12}{5}, \\ Ch^{\frac{3}{4}}, & d = 3, \quad q_0 \geqslant \dfrac{12}{5}, \\ Ch\,|\ln h|^{\frac{2}{3}}, & d = 3, \quad q_0 \geqslant 6, \\ Ch\,|\ln h|^{\frac{1}{2}}, & d = 4, \\ Ch\,|\ln h|^{\frac{9}{5}}, & d = 5, \\ Ch\,|\ln h|^{\frac{4}{3}}, & d = 6, \\ Ch^{\frac{6-d}{2}}, & d \geqslant 7, \quad q_0 \geqslant \dfrac{2d}{d-2}. \end{cases} \tag{3.63}$$

注　相关结果的证明可参见 [81, 86] 等文献.

定理 3.20　对任意的 $v \in V_h$, 若记 $\|v\|_{2,1}^h = \sum\limits_{e \in \mathscr{T}^h} \|v\|_{2,1,e}$, 则在定理 3.17 的条件下, 有

$$\left\| G_Z^h \right\|_{2,1}^h \leqslant \begin{cases} C|\ln h|, & d = 2, \\ Ch^{1-\frac{3}{q_0}}, & d = 3, \quad 2 < q_0 < \dfrac{12}{5}, \\ Ch^{-\frac{1}{4}}, & d = 3, \quad q_0 \geqslant \dfrac{12}{5}, \\ C\,|\ln h|^{\frac{2}{3}}, & d = 3, \quad q_0 \geqslant 6, \\ C\,|\ln h|^{\frac{1}{2}}, & d = 4, \\ C\,|\ln h|^{\frac{9}{5}}, & d = 5, \\ C\,|\ln h|^{\frac{4}{3}}, & d = 6, \\ Ch^{\frac{4-d}{2}}, & d \geqslant 7, \quad q_0 \geqslant \dfrac{2d}{d-2}. \end{cases} \tag{3.64}$$

证明

$$\begin{aligned}
\left\| G_Z^* - G_Z^h \right\|_{2,1}^h &\leqslant \left\| G_Z^* - \Pi G_Z^* \right\|_{2,1}^h + \left\| \Pi G_Z^* - G_Z^h \right\|_{2,1}^h \\
&\leqslant C \left\| G_Z^* \right\|_{2,1} + Ch^{-1} \left\| \Pi G_Z^* - G_Z^h \right\|_{1,1} \\
&\leqslant C \left\| G_Z^* \right\|_{2,1} + Ch^{-1} \left\| \Pi G_Z^* - G_Z^* \right\|_{1,1} + Ch^{-1} \left\| G_Z^* - G_Z^h \right\|_{1,1} \\
&\leqslant C \left\| G_Z^* \right\|_{2,1} + Ch^{-1} \left\| G_Z^* - G_Z^h \right\|_{1,1},
\end{aligned}$$

其中 Π 是插值算子.

由三角不等式可得

$$\left\| G_Z^h \right\|_{2,1}^h \leqslant \left\| G_Z^* - G_Z^h \right\|_{2,1}^h + \left\| G_Z^* \right\|_{2,1} \leqslant C \left\| G_Z^* \right\|_{2,1} + Ch^{-1} \left\| G_Z^* - G_Z^h \right\|_{1,1},$$

由 (3.56) 和 (3.63) 即可证得 (3.64).

定理 3.21 若 $q_0 > 2$, 则存在与 Z, h 无关的常数 $C > 0$, 使得

$$\left\| G_Z^* - G_Z^h \right\|_m \leqslant Ch^{2-m-\frac{d}{2}}, \quad m = 0, 1. \tag{3.65}$$

证明 由先验估计和 (3.21) 可得

$$\left\| G_Z^* \right\|_2 \leqslant C \left\| \mathcal{L} G_Z^* \right\|_0 = C \left\| \delta_Z^h \right\|_0 \leqslant Ch^{-\frac{d}{2}},$$

而

$$\left\| G_Z^* - G_Z^h \right\|_m \leqslant Ch^{2-m} \left\| G_Z^* \right\|_2,$$

由上两式即得 (3.65).

最后, 我们还可以得到下面的有限元 L^∞ 估计.

定理 3.22 对任何 $u \in W^{1,\infty}(\Omega) \cap H_0^1(\Omega)$, 有

$$\| u - u_h \|_{0,\infty} \leqslant C \left\| G_Z^* - G_Z^h \right\|_{1,1} \cdot \inf_{v \in V_h} \| u - v \|_{1,\infty}. \tag{3.66}$$

证明 对任意的 $Z \in \bar{\Omega}$, 有

$$u(Z) - u_h(Z) = u(Z) - P_h u(Z) + P_h u(Z) - u_h(Z).$$

由 (3.26) 易得

$$|u(Z) - P_h u(Z)| \leqslant \| u - P_h u \|_{0,\infty} \leqslant Ch \inf_{v \in V_h} \| u - v \|_{1,\infty}.$$

而

$$\begin{aligned}
|P_h u(Z) - u_h(Z)| &= |a(u - u_h, G_Z^*)| = |a(u - u_h, G_Z^* - G_Z^h)| \\
&= |a(u - v, G_Z^* - G_Z^h)| \\
&\leqslant C \left\| G_Z^* - G_Z^h \right\|_{1,1} \cdot \| u - v \|_{1,\infty}.
\end{aligned}$$

对 $v \in V_h$ 取下确界可得

$$|P_h u(Z) - u_h(Z)| \leqslant C \left\| G_Z^* - G_Z^h \right\|_{1,1} \cdot \inf_{v \in V_h} \|u - v\|_{1,\infty},$$

结合 (3.62) 知 (3.66) 成立.

3.6　多维正则导数格林函数及其 Galerkin 逼近

3.6.1　定义

现在给出如下的多维正则格林函数 G_Z^* 及函数 v 在 Z 处沿着方向 $\ell \in R^d$, $|\ell| = 1$ 的方向导数:

$$\partial_{Z,\ell} G_Z^* = \lim_{|\Delta Z| \to 0} \frac{G_{Z+\Delta Z}^* - G_Z^*}{|\Delta Z|},$$

$$\partial_\ell v(Z) = \lim_{|\Delta Z| \to 0} \frac{v(Z + \Delta Z) - v(Z)}{|\Delta Z|}, \quad \Delta Z = |\Delta Z|\ell.$$

称 $\partial_{Z,\ell} G_Z^*$ 为正则导数格林函数. 类似还可定义如下的离散导数格林函数:

$$\partial_{Z,\ell} G_Z^h = \lim_{|\Delta Z| \to 0} \frac{G_{Z+\Delta Z}^h - G_Z^h}{|\Delta Z|}, \quad \Delta Z = |\Delta Z|\ell.$$

由 G_Z^* 和 G_Z^h 的定义 (3.47) 与 (3.48) 即知下面的 Galerkin 正交关系成立.

$$a(\partial_{Z,\ell} G_Z^* - \partial_{Z,\ell} G_Z^h, v) = 0, \quad \forall v \in V_h, \tag{3.67}$$

即 $\partial_{Z,\ell} G_Z^h$ 是 $\partial_{Z,\ell} G_Z^*$ 的有限元逼近. 显然, $\partial_{Z,\ell} G_Z^*$ 和 $\partial_{Z,\ell} G_Z^h$ 还具有下面性质:

$$\partial_{Z,\ell} G_Z^* \in W^{2,q}(\Omega) \cap V, \quad 1 < q < q_0, \tag{3.68}$$

$$a(\partial_{Z,\ell} G_Z^*, v) = (\partial_{Z,\ell} \delta_Z^h, v) = \partial_\ell P_h v(Z), \quad \forall v \in V, \tag{3.69}$$

$$\left\| \partial_{Z,\ell} G_Z^* - \partial_{Z,\ell} G_Z^h \right\|_m \leqslant C h^{1-m-\frac{d}{2}}, \quad m = 0, 1, \quad q_0 > 2. \tag{3.70}$$

3.6.2　多维正则导数格林函数的几个估计

类似于定理 3.11—定理 3.13, 可得下面的定理 3.23—定理 3.25.

定理 3.23　设 $q_0 > \max\left\{2, \dfrac{d}{2}\right\}$, 则对任意的 $\varepsilon \in (0,1)$, 有

$$|\partial_{Z,\ell} G_Z^*|_{\phi^{1-\varepsilon}} \leqslant C h^{1-d+\frac{\varepsilon d}{2}}. \tag{3.71}$$

定理 3.24　设 $q_0 > 2, \alpha \in R$, 则

$$\left\| \nabla^2 \partial_{Z,\ell} G_Z^* \right\|_{\phi^{-\alpha}}^2 \leqslant C \left\| \partial_{Z,\ell} \delta_Z^h \right\|_{\phi^{-\alpha}}^2 + C \left\| \partial_{Z,\ell} G_Z^* \right\|_{\phi^{-\alpha+\frac{4}{d}}}^2, \tag{3.72}$$

特别, 当 $\frac{4}{d} - 1 < \alpha < \frac{4}{d}$, $q_0 > \max\left\{2, \frac{d}{2}\right\}$ 时, 有

$$\left\|\nabla^2 \partial_{Z,\ell} G_Z^*\right\|_{\phi^{-\alpha}} \leqslant Ch^{\frac{(\alpha-1)d-2}{2}}. \tag{3.73}$$

定理 3.25 对任意的 $\alpha \in R$, 有

$$\left\|\nabla \partial_{Z,\ell} G_Z^*\right\|_{\phi^{-\alpha}}^2 \leqslant C \left\|\partial_{Z,\ell} \delta_Z^h\right\|_{\phi^{-\alpha-\frac{2}{d}}}^2 + C \left\|\partial_{Z,\ell} G_Z^*\right\|_{\phi^{-\alpha+\frac{2}{d}}}^2, \tag{3.74}$$

特别, 当 $\frac{2}{d} - 1 < \alpha < \frac{2}{d}$, $q_0 > \max\left\{2, \frac{d}{2}\right\}$ 时, 有

$$\left\|\nabla \partial_{Z,\ell} G_Z^*\right\|_{\phi^{-\alpha}} \leqslant Ch^{\frac{(\alpha-1)d}{2}}. \tag{3.75}$$

定理 3.26 设 $q_0 > \max\left\{2, \frac{d}{2}\right\}$, $\frac{2}{d} - \frac{1}{2} < \alpha < \frac{2}{d}$, 则

$$\left\|\nabla^2 \left(\phi^{-\alpha} \partial_{Z,\ell} G_Z^*\right)\right\|_0 \leqslant Ch^{\frac{(2\alpha-1)d-2}{2}}. \tag{3.76}$$

证明 由先验估计可得

$$\begin{aligned}
\left\|\nabla^2 \left(\phi^{-\alpha} \partial_{Z,\ell} G_Z^*\right)\right\|_0^2 &\leqslant C \left\|\mathcal{L} \left(\phi^{-\alpha} \partial_{Z,\ell} G_Z^*\right)\right\|_0^2 \\
&\leqslant C \int_\Omega \phi^{-2\alpha} \left|\mathcal{L} \partial_{Z,\ell} G_Z^*\right|^2 dX + C \left\|\nabla \partial_{Z,\ell} G_Z^*\right\|_{\phi^{-2\alpha+\frac{2}{d}}}^2 \\
&\quad + C \left\|\partial_{Z,\ell} G_Z^*\right\|_{\phi^{-2\alpha+\frac{4}{d}}}^2,
\end{aligned}$$

由定理 3.25 知

$$\left\|\nabla \partial_{Z,\ell} G_Z^*\right\|_{\phi^{-2\alpha+\frac{2}{d}}}^2 \leqslant C \left\|\partial_{Z,\ell} \delta_Z^h\right\|_{\phi^{-2\alpha}}^2 + C \left\|\partial_{Z,\ell} G_Z^*\right\|_{\phi^{-2\alpha+\frac{4}{d}}}^2,$$

因而

$$\left\|\nabla^2 \left(\phi^{-\alpha} \partial_{Z,\ell} G_Z^*\right)\right\|_0^2 \leqslant C \left\|\partial_{Z,\ell} \delta_Z^h\right\|_{\phi^{-2\alpha}}^2 + C \left\|\partial_{Z,\ell} G_Z^*\right\|_{\phi^{-2\alpha+\frac{4}{d}}}^2,$$

由 (3.50) 和 (3.71) 即得 (3.76).

定理 3.27 设 $q_0 > \max\left\{2, \frac{d}{2}\right\}$, 则

$$\left\|\partial_{Z,\ell} G_Z^*\right\|_{2,1} \leqslant \begin{cases} Ch^{-1}, & d = 2, \\ Ch^{-1}, & d = 3, \\ Ch^{-1} |\ln h|^{\frac{1}{2}}, & d = 4, \\ Ch^{\frac{2-d}{2}}, & d > 4. \end{cases} \tag{3.77}$$

证明　显然,

$$\|\partial_{Z,\ell}G_Z^*\|_{2,1} \leqslant \left(\int_\Omega \phi^\alpha dX\right)^{\frac{1}{2}} \|\nabla^2 \partial_{Z,\ell}G_Z^*\|_{\phi^{-\alpha}}.$$

当 $d = 2, 3$ 时, 可取 $\alpha > 1$, 且 $\frac{4}{d} - 1 < \alpha < \frac{4}{d}$, 由 (3.31) 和 (3.73) 得

$$\|\partial_{Z,\ell}G_Z^*\|_{2,1} \leqslant Ch^{-1}.$$

当 $d = 4$ 时, $0 < \alpha < 1$, 由 (3.32) 和 (3.73) 得

$$\|\partial_{Z,\ell}G_Z^*\|_{2,1}^2 \leqslant C\frac{h^{-2+d(\alpha-1)}}{1-\alpha},$$

对 α 取下确界得

$$\|\partial_{Z,\ell}G_Z^*\|_{2,1}^2 \leqslant C\inf_\alpha \frac{h^{-2+d(\alpha-1)}}{1-\alpha} \leqslant Ch^{-2}|\ln h|,$$

即

$$\|\partial_{Z,\ell}G_Z^*\|_{2,1} \leqslant Ch^{-1}|\ln h|^{\frac{1}{2}}.$$

当 $d > 4$ 时, $\frac{4}{d} - 1 < \alpha < \frac{4}{d} < 1$, 同样可得

$$\|\partial_{Z,\ell}G_Z^*\|_{2,1}^2 \leqslant C\frac{h^{-2+d(\alpha-1)}}{1-\alpha},$$

对 α 取下确界得

$$\|\partial_{Z,\ell}G_Z^*\|_{2,1}^2 \leqslant C\inf_\alpha \frac{h^{-2+d(\alpha-1)}}{1-\alpha} \leqslant Ch^{2-d},$$

即

$$\|\partial_{Z,\ell}G_Z^*\|_{2,1} \leqslant Ch^{\frac{2-d}{2}}.$$

(3.77) 得证.

事实上, 关于 $\|\partial_{Z,\ell}G_Z^*\|_{2,1}$, 还有下面更好的结果.

定理 3.28　设 $q_0 > \max\left\{2, \dfrac{d}{2}\right\}$, 则

$$\|\partial_{Z,\ell}G_Z^*\|_{2,1} \leqslant \begin{cases} Ch^{-1}, & d = 2, \\ Ch^{-1}, & d = 3, \\ Ch^{-1}|\ln h|^{\frac{1}{2}}, & d = 4, \\ Ch^{-1}|\ln h|^{\frac{27}{20}}, & d = 5, \\ Ch^{-1}|\ln h|^{\frac{9}{8}}, & d = 6, \\ Ch^{\frac{2-d}{2}}, & d \geqslant 7. \end{cases} \tag{3.78}$$

注 $d = 6$ 时的结果可参见文献 [108], $d = 5$ 时的结果已在文献 [92] 中给出.

定理 3.29 设 $q_0 > \max\left\{2, \dfrac{d}{2}\right\}$, 则

$$\|\partial_{Z,\ell} G_Z^*\|_{1,1} \leqslant \begin{cases} C\,|\ln h|^{\frac{1}{2}}, & d = 2, \\ C\,|\ln h|^{\frac{4}{3}}, & d = 3, \\ Ch^{\frac{2-d}{2}}, & d > 3. \end{cases} \tag{3.79}$$

证明 显然,

$$\|\partial_{Z,\ell} G_Z^*\|_{1,1} \leqslant \left(\int_\Omega \phi^\alpha dx\right)^{\frac{1}{2}} \|\nabla\partial_{Z,\ell} G_Z^*\|_{\phi^{-\alpha}}.$$

当 $d = 2$ 时, $0 < \alpha < 1$, 由 (3.32) 和 (3.75) 得

$$\|\partial_{Z,\ell} G_Z^*\|_{1,1}^2 \leqslant C\frac{h^{d(\alpha-1)}}{1-\alpha},$$

对 α 取下确界得

$$\|\partial_{Z,\ell} G_Z^*\|_{1,1}^2 \leqslant C\inf_\alpha \frac{h^{d(\alpha-1)}}{1-\alpha} \leqslant C|\ln h|,$$

即

$$\|\partial_{Z,\ell} G_Z^*\|_{1,1} \leqslant C\,|\ln h|^{\frac{1}{2}}.$$

当 $d = 3$ 时, 在文献 [96] 中, 已通过另外的方法证明了

$$\|\partial_{Z,\ell} G_Z^*\|_{1,1} \leqslant C\,|\ln h|^{\frac{4}{3}}.$$

当 $d > 3$ 时, $\dfrac{2}{d} - 1 < \alpha < \dfrac{2}{d} < 1$, 由 (3.32) 和 (3.75) 同样可得

$$\|\partial_{Z,\ell} G_Z^*\|_{1,1}^2 \leqslant C\inf_\alpha \frac{h^{d(\alpha-1)}}{1-\alpha} \leqslant Ch^{2-d},$$

即

$$\|\partial_{Z,\ell} G_Z^*\|_{1,1} \leqslant Ch^{\frac{2-d}{2}}.$$

(3.79) 得证.

关于 $\|\partial_{Z,\ell} G_Z^*\|_{1,1}$, 随着研究的深入, 也得到了下面更好的估计.

定理 3.30 设 $q_0 > \max\left\{2, \dfrac{d}{2}\right\}$, 则

$$\|\partial_{Z,\ell} G_Z^*\|_{1,1} \leqslant \begin{cases} C\,|\ln h|^{\frac{1}{2}}, & d=2, \\ C\,|\ln h|^{\frac{4}{3}}, & d=3, \\ C\,|\ln h|^{\frac{5}{4}}, & d=4, \\ C\,|\ln h|^{\frac{7}{5}}, & d=5, \\ C\,|\ln h|^{\frac{4}{3}}, & d=6, \\ Ch^{\frac{2-d}{2}}, & d\geqslant 7. \end{cases} \tag{3.80}$$

注 $d=4,5,6$ 时的结果可参见文献 [78, 107, 108].

3.6.3 多维离散导数格林函数的几个估计

定理 3.31 设 $q_0 > \max\left\{2, \dfrac{d}{2}\right\}$, $\max\left\{\dfrac{4}{d}-1, 0\right\} < \alpha < \min\left\{\dfrac{4}{d}, 1-\dfrac{2}{q_0}+\dfrac{2}{d}\right\}$, 则

$$\left\|\partial_{Z,\ell} G_Z^* - \partial_{Z,\ell} G_Z^h\right\|_{1,\phi^{-\alpha}}^2 \leqslant Ch^{d(\alpha-1)}. \tag{3.81}$$

证明 由 (3.46) 知

$$\left\|\partial_{Z,\ell} G_Z^* - \partial_{Z,\ell} G_Z^h\right\|_{1,\phi^{-\alpha}}^2$$

$$\leqslant Ch^2\left|\nabla^2\partial_{Z,\ell} G_Z^*\right|_{\phi^{-\alpha}}^2 + C\left\|\partial_{Z,\ell} G_Z^* - \partial_{Z,\ell} G_Z^h\right\|_{\phi^{-\alpha+\frac{2}{d}}}^2$$

$$\leqslant \hat{C}\left(h^2\left|\nabla^2\partial_{Z,\ell} G_Z^*\right|_{\phi^{-\alpha}}^2 + \left\|\partial_{Z,\ell} G_Z^* - \partial_{Z,\ell} G_Z^h\right\|_{\phi^{-\alpha+\frac{2}{d}}}^2\right).$$

用类似于文献 [162] 第三章引理 6 的方法可得

$$\left\|\partial_{Z,\ell} G_Z^* - \partial_{Z,\ell} G_Z^h\right\|_{\phi^{-\alpha+\frac{2}{d}}}^2 \leqslant \frac{2}{3\hat{C}}\left\|\partial_{Z,\ell} G_Z^* - \partial_{Z,\ell} G_Z^h\right\|_{1,\phi^{-\alpha}}^2,$$

于是

$$\left\|\partial_{Z,\ell} G_Z^* - \partial_{Z,\ell} G_Z^h\right\|_{1,\phi^{-\alpha}}^2 \leqslant Ch^2\left|\nabla^2\partial_{Z,\ell} G_Z^*\right|_{\phi^{-\alpha}}^2,$$

再由 (3.73) 可得 (3.81).

定理 3.32 设 $q_0 > \max\left\{2, \dfrac{d}{2}\right\}$, 则对任意的 $Z \in \Omega$, 有

$$\left\|\partial_{Z,\ell} G_Z^* - \partial_{Z,\ell} G_Z^h\right\|_{1,p} \leqslant Ch^{-d+\frac{d}{p}}, \tag{3.82}$$

其中, C 与 Z 无关, $2 \leqslant p < q_0$.

证明 记 $g = \partial_{Z,\ell} G_Z^*$, $g_h = \partial_{Z,\ell} G_Z^h$, 设 Πg 为 g 的插值, 则

$$\|g - \Pi g\|_{1,p} \leqslant Ch \|\nabla^2 g\|_{0,p} \leqslant Ch \|\partial_{Z,\ell} \delta_Z^h\|_{0,p} \leqslant Ch^{-d + \frac{d}{p}}.$$

由逆估计, 有

$$\|\Pi g - g_h\|_{1,p} \leqslant Ch^{\frac{d}{p} - \frac{d}{2}} \|\Pi g - g_h\|_{1,2},$$

而

$$\|\Pi g - g_h\|_{1,2} \leqslant \|g - \Pi g\|_{1,2} + \|g - g_h\|_{1,2}$$
$$\leqslant Ch \|g\|_{2,2} \leqslant Ch \|\partial_{Z,\ell} \delta_Z^h\|_{0,2} \leqslant Ch^{-\frac{d}{2}},$$

从而

$$\|\Pi g - g_h\|_{1,p} \leqslant Ch^{-d + \frac{d}{p}}.$$

再由三角不等式即可得 (3.82).

由 (3.31)—(3.33) 及 (3.81) 可得下面定理.

定理 3.33 设 $q_0 > \max\left\{2, \dfrac{d}{2}\right\}$, 则

$$\|\partial_{Z,\ell} G_Z^* - \partial_{Z,\ell} G_Z^h\|_{1,1} \leqslant \begin{cases} C, & d = 2, \\ C, & d = 3, \ q_0 > 3, \\ C|\ln h|^{\frac{1}{2}}, & d = 3, \ q_0 = 3, \\ Ch^{-\frac{1}{2} + \frac{3}{2}\varepsilon_0}, & d = 3, \ 2 < q_0 < 3, \\ C|\ln h|^{\frac{1}{2}}, & d = 4, \ q_0 \geqslant 4, \\ Ch^{-1 + 2\varepsilon_0}, & d = 4, \ 2 < q_0 < 4, \\ Ch^{-\frac{1}{2}}, & d = 5, \ q_0 \geqslant \dfrac{10}{3}, \\ Ch^{-\frac{3}{2} + \frac{5}{2}\varepsilon_0}, & d = 5, \ \dfrac{5}{2} < q_0 < \dfrac{10}{3}, \\ Ch^{\frac{4-d}{2}}, & d \geqslant 6, \end{cases} \tag{3.83}$$

其中, $\varepsilon_0 = 1 - \dfrac{2}{q_0}$.

上面部分结果还不是最优的, 下面是更好的结果.

定理 3.34 设 $q_0 > \max\left\{2, \dfrac{d}{2}\right\}$, 则

$$\left\|\partial_{z,\ell}G_Z^* - \partial_{z,\ell}G_Z^h\right\|_{1,1} \leqslant \begin{cases} C, & d = 2, \\ C, & d = 3,\ q_0 > 3, \\ C\left|\ln h\right|^{\frac{1}{2}}, & d = 3,\ q_0 = 3, \\ Ch^{-\frac{1}{2}+\frac{3}{2}\varepsilon_0}, & d = 3,\ 2 < q_0 < 3, \\ C\left|\ln h\right|^{\frac{1}{2}}, & d = 4, \\ C\left|\ln h\right|^{\frac{13}{10}}, & d = 5, \\ C\left|\ln h\right|^{\frac{9}{8}}, & d = 6, \\ Ch^{\frac{4-d}{2}}, & d \geqslant 7,\ q_0 > \dfrac{2d}{d-2}, \end{cases} \tag{3.84}$$

其中, $\varepsilon_0 = 1 - \dfrac{2}{q_0}$.

注　$d = 4, 5, 6$ 时的结果可参见文献 [78, 107, 108].

由 (3.80), (3.84) 及三角不等式即可得下面定理.

定理 3.35　设 $q_0 > \max\left\{2, \dfrac{d}{2}\right\}$, 则

$$\left\|\partial_{Z,\ell}G_Z^h\right\|_{1,1} \leqslant \begin{cases} C\left|\ln h\right|^{\frac{1}{2}}, & d = 2, \\ C\left|\ln h\right|^{\frac{4}{3}}, & d = 3,\ q_0 \geqslant 3, \\ Ch^{-\frac{1}{2}+\frac{3}{2}\varepsilon_0}, & d = 3,\ 2 < q_0 < 3, \\ C\left|\ln h\right|^{\frac{5}{4}}, & d = 4, \\ C\left|\ln h\right|^{\frac{7}{5}}, & d = 5, \\ C\left|\ln h\right|^{\frac{4}{3}}, & d = 6, \\ Ch^{\frac{2-d}{2}}, & d \geqslant 7,\ q_0 > \dfrac{2d}{d-2}, \end{cases} \tag{3.85}$$

其中, $\varepsilon_0 = 1 - \dfrac{2}{q_0}$.

定理 3.36　设 $q_0 > \max\left\{2, \dfrac{d}{2}\right\}$, 则

$$\left\|\partial_{Z,\ell}G_Z^h\right\|_{2,1}^h \leqslant \begin{cases} Ch^{-1}, & d = 2, \\ Ch^{-1}, & d = 3,\ q_0 > 3, \\ Ch^{-1}\left|\ln h\right|^{\frac{1}{2}}, & d = 3,\ q_0 = 3, \\ Ch^{-\frac{3}{2}+\frac{3}{2}\varepsilon_0}, & d = 3,\ 2 < q_0 < 3, \\ Ch^{-1}\left|\ln h\right|^{\frac{1}{2}}, & d = 4, \\ Ch^{-1}\left|\ln h\right|^{\frac{27}{20}}, & d = 5, \\ Ch^{-1}\left|\ln h\right|^{\frac{9}{8}}, & d = 6, \\ Ch^{\frac{2-d}{2}}, & d \geqslant 7,\ q_0 > \dfrac{2d}{d-2}, \end{cases} \tag{3.86}$$

其中, $\varepsilon_0 = 1 - \dfrac{2}{q_0}$.

证明 记 $g = \partial_{Z,\ell} G_Z^*$, $g_h = \partial_{Z,\ell} G_Z^h$, 设 Πg 为 g 的插值, 则

$$
\begin{aligned}
\|g - g_h\|_{2,1}^h &\leqslant \|g - \Pi g\|_{2,1}^h + \|\Pi g - g_h\|_{2,1}^h \\
&\leqslant C\|g\|_{2,1} + Ch^{-1}\|\Pi g - g_h\|_{1,1} \\
&\leqslant C\|g\|_{2,1} + Ch^{-1}\|g - \Pi g\|_{1,1} + Ch^{-1}\|g - g_h\|_{1,1} \\
&\leqslant C\|g\|_{2,1} + Ch^{-1}\|g - g_h\|_{1,1},
\end{aligned}
$$

于是

$$
\|g_h\|_{2,1}^h \leqslant \|g - g_h\|_{2,1}^h + \|g\|_{2,1} \leqslant C\|g\|_{2,1} + Ch^{-1}\|g - g_h\|_{1,1},
$$

由 (3.78) 和 (3.84) 即可得 (3.86).

第4章 多维有限元的超逼近和超收敛后处理技术

本章主要讨论多维有限元的超逼近, 并对三维有限元讨论几种常用的超收敛后处理技术. 我们将结合前面得到的弱估计和离散格林函数及离散导数格林函数的估计获得有限元的超逼近.

4.1 三维有限元的逐点超逼近

针对三维有限元, 我们仍然按照长方体、四面体和三棱柱这三种不同的剖分进行分析.

4.1.1 长方体有限元的逐点超逼近估计

定理 4.1 (导数的超逼近) 设 $\mathcal{T}^h$ 是正规长方体剖分, $u \in W^{m+2,\infty}(\Omega) \cap H_0^1(\Omega)$, $q_0 > 3$, u_h 和 $\Pi_m u$ 分别是 u 的三 m 次长方体有限元逼近和三 m 次投影型插值函数, 则

$$|u_h - \Pi_m u|_{1,\infty,\Omega} \leqslant C h^{m+1} |\ln h|^{\frac{4}{3}} \|u\|_{m+2,\infty,\Omega}, \quad m = 1, \tag{4.1}$$

$$|u_h - \Pi_m u|_{1,\infty,\Omega} \leqslant C h^{m+1} \|u\|_{m+2,\infty,\Omega}, \quad m \geqslant 2. \tag{4.2}$$

特别, 当 $\mathcal{T}^h$ 为一致剖分且 $u \in W^{m+3,\infty}(\Omega) \cap H_0^1(\Omega)$ 时, 有

$$|u_h - \Pi_m u|_{1,\infty,\Omega} \leqslant C h^{m+2} |\ln h|^{\frac{4}{3}} \|u\|_{m+3,\infty,\Omega}, \quad m = 2, \tag{4.3}$$

$$|u_h - \Pi_m u|_{1,\infty,\Omega} \leqslant C h^{m+2} \|u\|_{m+3,\infty,\Omega}, \quad m \geqslant 3. \tag{4.4}$$

证明 对任意的 $Z \in \Omega$, 由离散导数格林函数 $\partial_{Z,\ell} G_Z^h$ 的定义及 Galerkin 正交关系 (2.12) 可得

$$\partial_\ell(u_h - \Pi_m u)(Z) = a(u_h - \Pi_m u, \partial_{Z,\ell} G_Z^h) = a(u - \Pi_m u, \partial_{Z,\ell} G_Z^h).$$

利用 $|\partial_{Z,\ell} G_Z^h|_{1,1,\Omega}$ 和 $|\partial_{Z,\ell} G_Z^h|_{2,1,\Omega}$ 的估计以及弱估计 (2.17), (2.18), (2.21) 和 (2.22) 即可证明本定理.

定理 4.2 (位移的超逼近) 设 $\mathcal{T}^h$ 是正规长方体剖分, $u \in W^{m+2,\infty}(\Omega) \cap H_0^1(\Omega)$, $q_0 \geqslant 6$, u_h 和 $\Pi_m u$ 分别是 u 的三 m 次长方体有限元逼近和三 m 次投影

型插值函数, 则

$$|u_h - \Pi_m u|_{0,\infty,\Omega} \leqslant Ch^{m+2}|\ln h|^{\frac{2}{3}}\|u\|_{m+2,\infty,\Omega}, \quad m \geqslant 2. \tag{4.5}$$

特别, 当 $\mathcal{T}^h$ 为一致剖分且 $u \in W^{m+3,\infty}(\Omega) \cap H_0^1(\Omega)$ 时, 有

$$|u_h - \Pi_m u|_{0,\infty,\Omega} \leqslant Ch^{m+3}|\ln h|^{\frac{2}{3}}\|u\|_{m+3,\infty,\Omega}, \quad m \geqslant 3. \tag{4.6}$$

证明 对任意的 $Z \in \Omega$, 由离散格林函数 G_Z^h 的定义及 Galerkin 正交关系 (2.12) 可得

$$(u_h - \Pi_m u)(Z) = a(u_h - \Pi_m u, G_Z^h) = a(u - \Pi_m u, G_Z^h).$$

利用 $|G_Z^h|_{2,1,\Omega}^h$ 的估计以及弱估计 (2.18) 和 (2.22) 即可证明本定理.

4.1.2 四面体有限元的逐点超逼近估计

本节给出四面体有限元的逐点超逼近. 首先给出四面体线性元导数的超逼近估计, 这个工作是由 Goodsell[34] 完成的.

定理 4.3 (四面体线性元的超逼近)[34] 设 $\mathcal{T}^h$ 是 Ω 的一致四面体剖分, $u \in W^{3,\infty}(\Omega) \cap H_0^1(\Omega)$, u_h 和 $\Pi_1 u$ 分别是 u 的线性有限元逼近和线性 Lagrange 插值, 则

$$|u_h - \Pi_1 u|_{1,\infty,\Omega} \leqslant Ch^{2-\varepsilon}\|u\|_{3,\infty,\Omega}, \tag{4.7}$$

其中, ε 为可任意小的正数.

四面体线性元已被许多学者研究过, 并已获得了许多超收敛结果. 事实上, 在工程领域四面体二次元比四面体线元应用更广. 最近, Brandts-Křížek[20] 研究了四面体二次元, 证明了在一致四面体剖分下二次元的梯度在 L^2 意义下具有 $O(h^3)$ 的超逼近. 本节将利用弱估计和离散导数格林函数的估计给出四面体二次元的逐点超逼近估计.

定理 4.4 (四面体二次元的超逼近) 设 $q_0 \geqslant 3$, $\mathcal{T}^h$ 是 Ω 的一致四面体剖分, $u \in W^{4,\infty}(\Omega) \cap H_0^1(\Omega)$, u_h 和 $\Pi_2 u$ 分别是 u 的二次有限元逼近和二次 Lagrange 插值, 则

$$|u_h - \Pi_2 u|_{1,\infty,\Omega} \leqslant Ch^3|\ln h|^{\frac{4}{3}}\|u\|_{4,\infty,\Omega}. \tag{4.8}$$

证明 对任意的 $Z \in \Omega$, 由离散导数格林函数 $\partial_{Z,\ell} G_Z^h$ 的定义及 Galerkin 正交关系 (2.12) 可得

$$\partial_\ell (u_h - \Pi_2 u)(Z) = a(u_h - \Pi_2 u, \partial_{Z,\ell} G_Z^h) = a(u - \Pi_2 u, \partial_{Z,\ell} G_Z^h).$$

由 (2.108) 可得

$$\left|\partial_\ell \left(u_h - \Pi_2 u\right)(Z)\right| = \left|a(u - \Pi_2 u, \partial_{Z,\ell} G_Z^h)\right| \leqslant Ch^3 \|u\|_{4,\infty,\Omega} \left|\partial_{Z,\ell} G_Z^h\right|_{1,1,\Omega},$$

再利用 $\left|\partial_{Z,\ell} G_Z^h\right|_{1,1,\Omega}$ 的估计, 本定理即可得证.

4.1.3　三棱柱有限元的逐点超逼近估计

由 (2.131) 及 $\left|\partial_{Z,\ell} G_Z^h\right|_{1,1,\Omega}$ 的估计即可得下面的超逼近定理.

定理 4.5 (三棱柱元的超逼近)　设 $\mathcal{T}^h$ 是正规三棱柱剖分, $u \in W^{t,\infty}(\Omega) \cap H_0^1(\Omega)$, u_h 和 $\Pi_{m,n} u$ 分别是 u 的 $m \times n$ 次张量积三棱柱有限元逼近和 $m \times n$ 次张量积插值函数, 则

$$\begin{aligned}
|u_h - \Pi_{m,n} u|_{1,\infty,\Omega} &\leqslant Ch^{m+1} |\ln h|^{\frac{4}{3}} \|u\|_{m+2,\infty,\Omega} \\
&\quad + Ck^{n+1} |\ln k|^{\frac{4}{3}} \|u\|_{n+2,\infty,\Omega},
\end{aligned} \tag{4.9}$$

其中, $t = \max\{m+2, n+2\}$, $m = 1, 2$.

4.2　四维以上张量积有限元的逐点超逼近

对于四维以上 $(d \geqslant 4)$ 张量积有限元, 结合该有限元的弱估计定理 (定理 2.8) 和离散格林函数及离散导数格林函数的估计, 可以得到如下的超逼近估计.

定理 4.6 (导数的超逼近)　设 $\mathcal{T}^h$ 是 $\Omega \subset R^d$ 的正规张量积剖分,

$$u \in W^{m+2,\infty}(\Omega) \cap H_0^1(\Omega),$$

u_h 和 Π_m 分别是 u 的张量积 m 次有限元逼近和 (2.7) 定义的张量积 m 次投影型插值算子, 则

$$|u_h - \Pi_m u|_{1,\infty,\Omega} \leqslant \begin{cases}
Ch^{m+1} |\ln h|^{\frac{5}{4}} \|u\|_{m+2,\infty,\Omega}, & m = 1, \ d = 4, \ q_0 > 2, \\
Ch^{m+1} |\ln h|^{\frac{7}{5}} \|u\|_{m+2,\infty,\Omega}, & m = 1, \ d = 5, \ q_0 > 2.5, \\
Ch^{m+1} |\ln h|^{\frac{4}{3}} \|u\|_{m+2,\infty,\Omega}, & m = 1, \ d = 6, \ q_0 > 3;
\end{cases} \tag{4.10}$$

$$|u_h - \Pi_m u|_{1,\infty,\Omega} \leqslant \begin{cases}
Ch^{m+1} |\ln h|^{\frac{1}{2}} \|u\|_{m+2,\infty,\Omega}, & m \geqslant 2, \ d = 4, \ q_0 > 2, \\
Ch^{m+1} |\ln h|^{\frac{27}{20}} \|u\|_{m+2,\infty,\Omega}, & m \geqslant 2, \ d = 5, \ q_0 > 2.5, \\
Ch^{m+1} |\ln h|^{\frac{9}{8}} \|u\|_{m+2,\infty,\Omega}, & m \geqslant 2, \ d = 6, \ q_0 > 3.
\end{cases} \tag{4.11}$$

定理 4.7 (位移的超逼近)　设 $\mathcal{T}^h$ 是 $\Omega \subset R^d$ 的正规张量积剖分,

$$u \in W^{m+2,\infty}(\Omega) \cap H_0^1(\Omega), \quad q_0 > 2,$$

u_h 和 Π_m 分别是 u 的张量积 m 次有限元逼近和 (2.7) 定义的张量积 m 次投影型插值算子, 则

$$|u_h - \Pi_m u|_{0,\infty,\Omega} \leqslant \begin{cases} Ch^{m+2} |\ln h|^{\frac{1}{2}} \|u\|_{m+2,\infty,\Omega}, & m \geqslant 2, \ d = 4, \\ Ch^{m+2} |\ln h|^{\frac{9}{5}} \|u\|_{m+2,\infty,\Omega}, & m \geqslant 2, \ d = 5, \\ Ch^{m+2} |\ln h|^{\frac{4}{3}} \|u\|_{m+2,\infty,\Omega}, & m \geqslant 2, \ d = 6. \end{cases} \quad (4.12)$$

注 当维数 $d \geqslant 7$ 时, 由 (3.64), (3.85) 和 (3.86) 知, 离散格林函数及离散导数格林函数的相关估计并非最优阶, 故此时不能得到七维以上有限元的超逼近.

4.3 三维有限元的超收敛后处理技术

有限元后处理技术有很多种, 现在流行的后处理技术主要有插值技术、投影技术、平均技术、外推技术和超收敛单元片恢复技术 (SPR 技术) 等. 对于前两种后处理技术, 处理的结果可以直接获得节点以及处理区域整体的高精度. 后三种主要是通过逐点处理获得高精度, 然后再进行插值得到整体的高精度. 现行的后处理技术已经得到了深刻的研究, 特别是对于低维问题, 这些后处理技术已经得到了广泛的应用.

我们知道, 三线性元 u_h 有误差估计

$$\|u - u_h\| = O(h^2), \quad \|u - u_h\|_1 = O(h).$$

不难发现导数的精度比有限元解的精度低了一阶, 虽然在每一个单元中心点 Q, 解的梯度有超收敛

$$\nabla(u - u_h)(Q) = O(h^2).$$

当然, 在每个单元面上和棱上的中点, 切向导数也有超收敛, 但是法方向导数却没有超收敛 (法方向导数本身就不存在, 更谈不上超收敛了). 更为糟糕的是, 在每个单元顶点有限元解的 3 个方向导数都不存在, 因此也没有超收敛. 这就需要我们利用适当的后处理技术对获得的有限元解进行后处理以期获得高精度的数值解. 本节将依次讨论平均技术、插值技术、外推技术和 SPR 技术, 并对传统的 SPR 技术进行改进. 本节的主要内容来源于文献 [66, 137].

4.3.1 平均技术

自二十世纪六十年代有限元方法被用于工程与科学计算中开始, 为获得更理想的结果, 节点导数的平均就自然而然地被用于实际计算中去. 事实上, 早期 (二十世纪七十年代末) 的超收敛结果大多是在平均意义下得到的. 虽然这种方法是如此原始、直观, 但是它的成功与超收敛点的存在却是密切相关的, 之后各种形式的平均

和局部投影技术都被用来改善有限元解及其导数的精度, 关于这方面的综述性论文请参见文献 [53].

以三线性元为例, 若 P 是区域的内节点, 它是八个毗邻单元 $e_i(i = 1, 2, \cdots, 8)$ 的公共节点. 设这八个单元的公共节点沿 x 方向的步长为 $h_i(i = 1, 2, \cdots, 8)$, 那么取这八个单元的关于 x 的导数 (实际上只是极限值) 在这点的加权平均值

$$\bar{\partial}_x u_h = \sum_{i=1}^{8} h_i^{-1} \partial_x u_h(e_i)/s, \quad s = \sum_{i=1}^{8} h_i^{-1} \tag{4.13}$$

作为在点 P 关于 x 的导数, 此时有二阶精度

$$\bar{\partial}_x u_h(P) - \partial_x u(P) = O(h^2).$$

若 P 是四个毗邻矩形体单元 $e_i(i = 1, 2, 3, 4)$ 公共棱上的中点, 则可取

$$\bar{\partial}_x u_h = \sum_{j=1}^{4} h_j^{-1} \partial_x u_h(e_j)/s, \quad s = \sum_{j=1}^{4} h_j^{-1},$$

此时也有二阶高精度; 若是两单元公共面上的几何中心点, 此时只需取相邻两个单元的关于 x 的导数在 P 点的加权平均值即可, 同样可以获得二阶精度; 若 P 是边界节点或中点, 可以利用在同一条线上获得的关于 x 的导数的高精度的中点或内节点值通过线性外插得到 P 点的导数值, 从而获得超收敛. 例如, 假设经过 P 点的棱垂直于边界, 那么在这条棱上距离 P 的最近的中点 P_1 和内节点 P_2(也可以取这条棱上的其他点), 此时有 $PP_2 = 2PP_1$. 又假设 P_1 和 P_2 已经通过加权平均得到超收敛值, 则外插值

$$\tilde{\partial}_x u_h(P) = 2\bar{\partial}_x u_h(P_1) - \bar{\partial}_x u_h(P_2)$$

作为 P 点关于 x 的导数值, 此时也有二阶高精度

$$\tilde{\partial}_x u_h(P) - \partial_x u(P) = O(h^2).$$

同样, 我们可以得到网格局部对称点关于 y 和 z 的导数, 这样就可以得到 P 点梯度的超收敛性.

对于三棱柱一次元我们也可以通过类似的方法得到网格局部对称点上梯度的超收敛性, 不同的只是平均恢复过程中所需的单元数不一样. 若点 P 仍然是区域的内节点, 它将是十二个毗邻单元的公共节点, 那么将要对这十二个单元在该点的导数值进行加权平均, 即

$$\bar{\partial}_x u_h = \sum_{j=1}^{12} h_j^{-1} \partial_x u_h(e_j)/s, \quad s = \sum_{j=1}^{12} h_j^{-1}. \tag{4.14}$$

下面就三棱柱一次元进行超收敛分析.

引理 4.1[106]　若 $\mathcal{T}^h$ 为一致三棱柱剖分, $u \in W^{3,\infty}(\Omega) \cap H_0^1(\Omega)$. u_h 是 u 的 1×1 次张量积三棱柱有限元逼近, $\Pi_{1,1}u$ 是 u 的 1×1 次张量积插值函数, 则有以下的超逼近估计:

$$|u_h - \Pi_{1,1}u|_{1,\infty} \leqslant Ch^2 |\ln h|^{\frac{4}{3}} \|u\|_{3,\infty}. \tag{4.15}$$

上面结果在 (4.9) 中也可见.

定义 4.1　称算子 $\bar{R}_l$ 为 l 方向的平均恢复算子, 若

$$\bar{R}_l : v \in S_0^h(\Omega) \to \bar{\partial}_l v, \tag{4.16}$$

其中 $\bar{\partial}_l v$ 如 (4.14) 那样定义, 只是将 u_h 换成 v 而已.

定义 4.1 是按逐点意义定义的, 按此定义, 用 $\bar{R}_l v(P)$ 来表示 v 在 P 处的沿 l 方向的恢复导数. 若在 P 处 v 关于 l 方向的的导数连续, 则令 $\bar{R}_l v(P) = \partial_l v(P)$. 在此意义下, $\bar{R}_l \Pi_{1,1}u(P) = \partial_l \Pi_{1,1}u(P)$. 定义 P 处的梯度恢复算子为 $\bar{R} = (\bar{R}_x, \bar{R}_y, \bar{R}_z)$, 显然它满足

$$\bar{R}v = \sum_{j=1}^{12} h_j^{-1} \nabla v(e_j)/s, \quad s = \sum_{j=1}^{12} h_j^{-1}, \tag{4.17}$$

于是有下面的超收敛估计.

引理 4.2　若 $u \in W^{3,\infty}(\Omega) \cap H_0^1(\Omega)$, $\Pi_{1,1}u$ 是 u 的 1×1 次张量积插值函数, 则有超收敛估计

$$\left|\nabla u - \bar{R}\Pi_{1,1}u\right|_{0,\infty} \leqslant Ch^2 |u|_{3,\infty}. \tag{4.18}$$

证明　设 $F : \hat{D} \to D$ 为仿射坐标变换. 显然存在单元 e, 使得

$$\left|\nabla u - \bar{R}\Pi_{1,1}u\right|_{0,\infty,e} = \left|\nabla u - \bar{R}\Pi_{1,1}u\right|_{0,\infty}.$$

利用嵌入定理及三角不等式, 有

$$\begin{aligned}
\left|\nabla u - \bar{R}\Pi_{1,1}u\right|_{0,\infty,e} &\leqslant Ch^{-1} \left|\nabla \hat{u} - \widehat{\bar{R}\Pi_{1,1}u}\right|_{0,\infty,\hat{e}} \\
&\leqslant Ch^{-1} \left[|\nabla \hat{u}|_{0,\infty,\hat{e}} + \left|\widehat{\bar{R}\Pi_{1,1}u}\right|_{0,\infty,\hat{e}}\right] \\
&\leqslant Ch^{-1} \left[|\nabla \hat{u}|_{0,\infty,\hat{e}} + \left|\widehat{\Pi_{1,1}u}\right|_{1,\infty,\hat{e}}\right] \\
&\leqslant Ch^{-1} \|\hat{u}\|_{3,\infty,\hat{e}},
\end{aligned}$$

而在参考单元 $\hat{e}$ 上, 当 u 为 2×2 次张量积多项式时, 有

$$\nabla \hat{u} - \widehat{\bar{R}\Pi_{1,1}u} = 0,$$

于是, 由 Bramble-Hilbert 引理[14] 可得

$$\left|\nabla u - \bar{R}\Pi_{1,1}u\right|_{0,\infty,\Omega} \leqslant Ch^{-1}\left|\hat{u}\right|_{3,\infty,\hat{e}} \leqslant Ch^2\left|u\right|_{3,\infty}.$$

本引理得证.

定理 4.8   若 T^h 为一致三棱柱剖分, $u \in W^{3,\infty}(\Omega) \cap H_0^1(\Omega)$, u_h 是 u 的 1×1 次张量积三棱柱有限元逼近, $\bar{R}$ 是满足 (4.17) 的梯度恢复算子, 则有超收敛估计

$$\left|\nabla u - \bar{R}u_h\right|_{0,\infty} \leqslant Ch^2\left|\ln h\right|^{\frac{4}{3}}\left\|u\right\|_{3,\infty}. \tag{4.19}$$

证明   利用三角不等式可得

$$\begin{aligned}
\left|\nabla u - \bar{R}u_h\right|_{0,\infty} &\leqslant \left|\bar{R}(u_h - \Pi_{1,1}u)\right|_{0,\infty} + \left|\nabla u - \bar{R}\Pi_{1,1}u\right|_{0,\infty} \\
&\leqslant \left|u_h - \Pi_{1,1}u\right|_{1,\infty} + \left|\nabla u - \bar{R}\Pi_{1,1}u\right|_{0,\infty},
\end{aligned}$$

结合引理 4.1 和引理 4.2 即可证明本定理.

由上面定理可以看出, 对于三棱柱一次元采用加权平均技术得到的后处理结果在整个区域上梯度的最大模接近二阶精度.

关于平均技术的其他应用, 读者可以参见相关文献, 这里不再一一赘述.

4.3.2   插值技术

插值技术也是有限元超收敛中常用的一种后处理技术, 通过这种技术并结合超逼近估计可以立即得到有限元的整体超收敛, 从而在整个区域上改善解的精度, 这种技术得以成功的关键在于在大单元上构造一种具有特殊性质的高次插值算子. 下面我们介绍这一技术, 该部分内容来自文献 [66]. 我们仅考虑长方体剖分, 将相邻的八个单元合并成一个大单元 $\tilde{e}$, 如图 4.1.

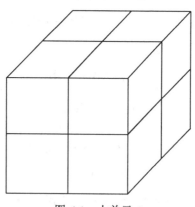

图 4.1   大单元 $\tilde{e}$

在大单元 $\tilde{e}$ 上构造张量积 k 次 (所谓的三 k 次) 投影型插值算子 $\Pi_{k(2h)}$: $C(\tilde{e}) \to T_k(\tilde{e})$, 这里 $T_k(\tilde{e})$ 是 $\tilde{e}$ 上的 x, y, z 的次数均不超过 k 的多项式空间, 也称它为张量积 k 次 (或三 k 次) 多项式空间. 插值算子 $\Pi_{k(2h)}$ 满足

$$\|w - \Pi_{k(2h)}w\|_{s,q} \leqslant Ch^{r+1-s} \|w\|_{r+1,q}, \quad 0 \leqslant r \leqslant k, \quad 1 \leqslant q \leqslant \infty, \quad s = 0, 1,$$
$$(4.20)$$

$$\|\Pi_{k(2h)}v\|_{s,q} \leqslant C \|v\|_{s,q}, \quad 1 \leqslant q \leqslant \infty, \quad s = 0, 1, \quad \forall v \in V_h, \qquad (4.21)$$

$$\Pi_{k(2h)}\Pi = \Pi_{k(2h)}, \quad \Pi \text{ 为所讨论的有限元空间的张量积插值算子.} \qquad (4.22)$$

例如, 对张量积线性元, 一般取 $k = 2$, 构造插值算子 $\Pi_{2(2h)} : C(\tilde{e}) \to T_2(\tilde{e})$, 在小单元的顶点 Z_i 上, 有

$$\Pi_{2(2h)}w(Z_i) = w(Z_i), \quad i = 1, \cdots, 27.$$

对张量积二次元, 取 $k = 4$, 构造插值算子 $\Pi_{4(2h)} : C(\tilde{e}) \to T_4(\tilde{e})$, 有

$$\Pi_{4(2h)}w(Z_i) = w(Z_i), \quad i = 1, \cdots, 27,$$

$$\int_{l_i} \Pi_{4(2h)}wdl = \int_{l_i} wdl, \quad i = 1, \cdots, 54,$$

$$\int_{\sigma_i} \Pi_{4(2h)}wd\sigma = \int_{\sigma_i} wd\sigma, \quad i = 1, \cdots, 36,$$

$$\int_{e_i} \Pi_{4(2h)}wdV = \int_{e_i} wdV, \quad i = 1, \cdots, 8,$$

这里, e_i, Z_i, l_i, σ_i 为小单元及它们的顶点、边和面.

对于张量积 $m(m \geqslant 3)$ 次元, 取 $k = m + 2$, 首先构造三个一维 k 次插值算子 $\Pi_k^x : C(L_x) \to P_k(L_x)$, $\Pi_k^y : C(L_y) \to P_k(L_y)$ 和 $\Pi_k^z : C(L_z) \to P_k(L_z)$, 这里 L_x, L_y, L_z 为大单元 $\tilde{e}$ 沿着 x, y, z 三个方向的三条边. 于是可构造插值后处理算子为

$$\Pi_{k(2h)} = \Pi_k^x \Pi_k^y \Pi_k^z.$$

容易验证, 所构造的插值后处理算子 $\Pi_{2(2h)}, \Pi_{4(2h)}$ 及 $\Pi_{k(2h)}(k = m + 2)$ 均满足 (4.20)—(4.22). 为了获得插值后处理算子的超收敛估计, 需要给出如下的弱估计.

定理 4.9[66]　　设 u 为 Poisson 方程的解, $S_0^h(\Omega)$ 为长方体剖分下的张量积 m 次有限元空间, $\Pi_m u \in S_0^h(\Omega)$ 为 u 的插值函数, 则对任意的 $v \in S_0^h(\Omega)$, 有弱估计

$$|a(u - \Pi_m u, v)| \leqslant Ch^{2m} \|u\|_{2m+1} \|v\|_1, \quad m = 1, 2, \tag{4.23}$$

$$|a(u - \Pi_m u, v)| \leqslant Ch^{m+3-s} \|u\|_{m+3} \|v\|_{2-s}, \quad m \geqslant 3, \quad s = 0, 1. \tag{4.24}$$

利用上面的弱估计, 可以得到下面的超逼近估计, 进而获得超收敛结果.

定理 4.10[66]　　设 u 为 Poisson 方程的解, $S_0^h(\Omega)$ 为长方体剖分下的张量积 m 次有限元空间, $u_h, \Pi_m u \in S_0^h(\Omega)$ 为 u 的有限元解和插值函数, 则有超逼近估计

$$\|u_h - \Pi_m u\|_1 \leqslant Ch^2 \|u\|_3, \quad m = 1, \tag{4.25}$$

$$\|u_h - \Pi_m u\|_1 \leqslant Ch^4 \|u\|_5, \quad m = 2, \tag{4.26}$$

$$\|u_h - \Pi_m u\|_s \leqslant Ch^{m+3-s} \|u\|_{m+3}, \quad m \geqslant 3, \quad s = 0, 1. \tag{4.27}$$

定理 4.11[66]　　在定理 4.10 的条件下, 有超收敛估计

$$\left\|u - \Pi_{2(2h)} u_h\right\|_1 \leqslant Ch^2 \|u\|_3, \quad m = 1, \tag{4.28}$$

$$\left\|u - \Pi_{4(2h)} u_h\right\|_1 \leqslant Ch^4 \|u\|_5, \quad m = 2, \tag{4.29}$$

$$\left\|u - \Pi_{k(2h)} u_h\right\|_s \leqslant Ch^{m+3-s} \|u\|_{m+3}, \quad m \geqslant 3, \quad k = m + 2, \quad s = 0, 1. \tag{4.30}$$

此外, 利用 4.1.1 小节的逐点超逼近估计和插值后处理算子的性质 (4.20)—(4.22), 可以得到下面插值后处理算子的逐点超收敛结果.

定理 4.12 (导数的逐点超收敛)　　设 $\mathcal{T}^h$ 是正规长方体剖分, $u \in W^{m+2,\infty}(\Omega) \cap H_0^1(\Omega)$, $q_0 > 3$, u_h 是 u 的三 m 次长方体有限元逼近, 则对于所给的插值后处理算子 $\Pi_{2(2h)}, \Pi_{4(2h)}$ 及 $\Pi_{k(2h)}(k = m + 2)$, 有导数的逐点超收敛估计

$$\left|u - \Pi_{2(2h)} u_h\right|_{1,\infty} \leqslant Ch^{m+1} |\ln h|^{\frac{4}{3}} \|u\|_{m+2,\infty}, \quad m = 1, \tag{4.31}$$

$$\left|u - \Pi_{4(2h)} u_h\right|_{1,\infty} \leqslant Ch^{m+1} \|u\|_{m+2,\infty}, \quad m = 2, \tag{4.32}$$

$$\left|u - \Pi_{k(2h)} u_h\right|_{1,\infty} \leqslant Ch^{m+1} \|u\|_{m+2,\infty}, \quad m \geqslant 3. \tag{4.33}$$

特别, 当 $\mathcal{T}^h$ 为一致剖分且 $u \in W^{m+3,\infty}(\Omega) \cap H_0^1(\Omega)$ 时, 有

$$\left|u - \Pi_{4(2h)} u_h\right|_{1,\infty} \leqslant Ch^{m+2} |\ln h|^{\frac{4}{3}} \|u\|_{m+3,\infty}, \quad m = 2, \tag{4.34}$$

$$\left|u - \Pi_{k(2h)}u_h\right|_{1,\infty} \leqslant Ch^{m+2}\|u\|_{m+3,\infty}, \quad m \geqslant 3. \tag{4.35}$$

定理 4.13 (位移的逐点超收敛) 设 $\mathcal{T}^h$ 是正规长方体剖分, $u \in W^{m+2,\infty}(\Omega) \cap H_0^1(\Omega)$, $q_0 > 3$, u_h 是 u 的三 m 次长方体有限元逼近, 则对于所给的插值后处理算子 $\Pi_{2(2h)}$, $\Pi_{4(2h)}$ 及 $\Pi_{k(2h)}(k = m+2)$, 有位移的逐点超收敛估计

$$\left|u - \Pi_{4(2h)}u_h\right|_{0,\infty} \leqslant Ch^{m+2}|\ln h|^{\frac{2}{3}}\|u\|_{m+2,\infty}, \quad m = 2, \tag{4.36}$$

$$\left|u - \Pi_{k(2h)}u_h\right|_{0,\infty} \leqslant Ch^{m+2}|\ln h|^{\frac{2}{3}}\|u\|_{m+2,\infty}, \quad m \geqslant 3. \tag{4.37}$$

特别, 当 $\mathcal{T}^h$ 为一致剖分且 $u \in W^{m+3,\infty}(\Omega) \cap H_0^1(\Omega)$ 时, 有

$$\left|u - \Pi_{k(2h)}u_h\right|_{0,\infty} \leqslant Ch^{m+3}|\ln h|^{\frac{2}{3}}\|u\|_{m+3,\infty}, \quad m \geqslant 3. \tag{4.38}$$

4.3.3 外推技术

有限元外推是有限元后处理研究的一个重要工具. 所谓外推, 就是在误差渐近展开式的基础上, 从低精度的近似解出发, 经过组合得到高精度的近似解.

1983 年, 林群、吕涛、沈树民 (参见文献 [64]) 运用 "离散格林函数——两个基本估计" 的思想, 提出了 "离散格林函数——渐近展开式" 的新框架, 利用一个渐近展开式 (对一次元)

$$a(u - u_I, v) = Ch^2 \int_{\partial\Omega} D^4 uv dx dy + O(h^4)\|v\|_{1,1}, \quad \forall v \in S_0^h(\Omega)$$

和离散格林函数的几个估计解决了有限元外推问题, 从而开创了对有限元的外推等问题的系统研究. 之后有限元外推经过林群及其合作者吕涛、沈树民、陈传淼、朱起定、Rannacher、Blum、许进超、王军平等的研究, 得到进一步发展, 代表性的文献有 [66, 72].

下面以长方体剖分下 Poisson 方程张量积线性元为例说明外推技术的应用, 该部分内容来自文献 [66]. 首先给出如下的渐近展开式.

引理 4.3(渐近展开)[66] 设 u 为 Poisson 方程的解, $S_0^h(\Omega)$ 为长方体剖分下的张量积 m 次有限元空间, $\Pi_m u \in S_0^h(\Omega)$ 为 u 的插值函数, 则对任意的 $v \in S_0^h(\Omega)$, 有渐近展开式

$$\int_\Omega \partial_x(u - \Pi_m u)\partial_x v dx dy dz$$
$$= \frac{h^2}{3}\sum_e \int_e \left(\frac{k_e^2}{h^2}\partial_x^2\partial_y^2 u + \frac{d_e^2}{h^2}\partial_x^2\partial_z^2 u\right)v dx dy dz + O(h^4)\|u\|_5\|v\|_1,$$

其中, $e = (x_e - h_e, x_e + h_e) \times (y_e - k_e, y_e + k_e) \times (z_e - d_e, z_e + d_e)$.

设 φ 为辅助问题

$$a(\varphi,v) = \frac{1}{3}\sum_e \int_e \left(\frac{h_e{}^2 + k_e{}^2}{h^2}\partial_x^2\partial_y^2 u + \frac{h_e{}^2 + d_e{}^2}{h^2}\partial_x^2\partial_z^2 u + \frac{k_e{}^2 + d_e{}^2}{h^2}\partial_y^2\partial_z^2 u \right) v\,dxdydz$$

的解, 并假设它的有限元解是 φ_h. 由引理 4.3, 对任意 $v \in S_0^h(\Omega)$, 有

$$a(u_h - \Pi_1 u - h^2\varphi_h, v) \leqslant \begin{cases} Ch^4 \|u\|_5 \|v\|_1, \\ Ch^3 \|u\|_4 \|v\|_1. \end{cases} \tag{4.39}$$

假设 $\Pi_{3(3h)}$ 是长方体剖分 $\mathcal{T}^h$ 上的张量积三次插值后处理算子, 即, 将剖分 $\mathcal{T}^h$ 中的 27 个相邻的小单元合并成一个大单元 $\tilde{e}$, 定义算子 $\Pi_{3(3h)} : C(\tilde{e}) \to T_3(\tilde{e})$, 满足

$$\Pi_{3(3h)}w(Z_i) = w(Z_i), \quad i = 1, \cdots, 64,$$

其中, Z_i 为小单元的顶点. 类似可定义 $\Pi_{3(\frac{3h}{2})}$ 为长方体剖分 $\mathcal{T}^{\frac{h}{2}}$ 上的张量积三次插值后处理算子.

于是可以构造外推解

$$\widetilde{u_h} = \frac{4\Pi_{3(\frac{3h}{2})}u_{\frac{h}{2}} - \Pi_{3(3h)}u_h}{3}. \tag{4.40}$$

由 (4.39) 即可得到该外推解如下的超收敛估计.

定理 4.14[66]　设 u 是 Poisson 方程的解, $\widetilde{u}_h$ 是 (4.40) 定义的外推解, 则有超收敛估计

$$|u - \widetilde{u}_h|_1 \leqslant Ch^3 \|u\|_4, \tag{4.41}$$

在剖分节点 Z 上,

$$\frac{4u_{\frac{h}{2}}(Z) - u_h(Z)}{3} = u(Z) + O(h^4|\ln h|^{\frac{2}{3}})(\|u\|_{5,3} + \|u\|_{4,\infty}). \tag{4.42}$$

4.3.4　SPR 技术

1987 年 Zienkiewicz-Zhu 提出了一种基于后处理技术的误差估计方法, 即所谓的 Z-Z 算法. 关于这一算法, 其源头应追溯到 1978 年 Babuška 等提出的自适应处理方法, 该方法是基于残值理论产生的, 由于给出的后验误差估计因子过于复杂而没有被工程师们所认同. 1992 年 Zienkiewicz-Zhu 提出了超收敛单元片应力回复技术 (superconvergence patch recovery), 简称 SPR 技术. 由于它具有计算简单、效果显著、易于理解和现有的有限元应用软件接口方便等特点, 因此一经提出就受到了工程界的广泛欢迎, 并被 Babuška 等认为是用于渐近准确的后验估计效果最好的

技术之一, 基于此而获得的自适应处理格式也成为了工程界最为流行的自适应处理方法.

SPR 技术的基本思想是在单元片 (由具有公共节点 Z_0 的所有单元所组成) 上利用几个样本点进行最小二乘曲面拟合以获得节点 Z_0 及其他点的应力的恢复值, 其中所选取的这些样本点基本上是应力的超收敛点或高精度点. 在一致剖分意义下, 无论是一维还是二维情形, 对偶次有限元利用 SPR 技术都可以获得节点应力的强超收敛结果, 即比整体最优收敛阶高两阶的精度, 而对奇次有限元虽然能获得超收敛结果, 但遗憾的是未能获得强超收敛结果. SPR 技术提出以后, 在理论上 Li, Zhang, Zhu 等已经证明了利用 SPR 技术得到的一系列结论, 并对其结论从理论上给予了某些推广, 相关研究可参见文献 [61, 146—152] 等.

下面分别就四面体元、三棱柱元和长方体元来说明 SPR 技术在有限元超收敛中的应用, 这部分内容主要是由作者及其合作者近几年完成的.

4.3.4.1 关于四面体线性元

令 $v \in S_0^h(\Omega)$, 用 R_h 来表示 SPR 后处理算子, 首先定义 v 在节点的梯度恢复值, 然后利用这些值做分片的线性插值, 该插值函数就叫做 v 的 SPR 梯度恢复函数, 记为 $R_h v$. 显然 $R_h v \in S_0^h(\Omega)$.

假设 N 是一致四面体剖分 $\mathcal{T}^h$ 的内节点, ω 是具有公共节点 N 的 24 个四面体组成的单元片. 在局部坐标系下, 假设 N 为坐标原点, Q_i 是四面体 $e_i \subset \omega$, $i = 1, 2, \cdots, 24$ 的重心. SPR 技术利用离散最小二乘拟合获得线性向量函数 $\mathbf{p} \in (P_1(\omega))^3$, 使得

$$\sum_{i=1}^{24} [\mathbf{p}(Q_i) - \nabla v(Q_i)] q(Q_i) = \mathbf{0}, \quad \forall q \in P_1(\omega). \tag{4.43}$$

满足方程 (4.43) 的向量函数 $\mathbf{p} \in (P_1(\omega))^3$ 是存在唯一的, 证明可参见文献 [61], 于是可定义 $R_h v(N) = \mathbf{p}(\mathbf{0})$. 如果 N 是一个边界节点, 可以利用相邻的两个内节点 N_1 和 N_2 的梯度恢复值及外推技术获得该点处的梯度恢复值, 即

$$R_h v(N) = 2 R_h v(N_1) - R_h v(N_2).$$

为了得到 SPR 梯度恢复算子 R_h 的超收敛性, 需要下面的引理 4.4— 引理 4.7.

引理 4.4[27] 设 $\mathcal{T}^h$ 是一致四面体剖分, ω 是具有公共内节点 N 的 24 个四面体单元组成的单元片, $\Pi u \in S_0^h(\Omega)$ 是 $u \in W^{3,\infty}(\Omega) \cap H_0^1(\Omega)$ 的线性插值, 则 SPR 梯度恢复算子 R_h 有超收敛估计

$$|\nabla u(N) - R_h \Pi u(N)| \leqslant C h^2 \|u\|_{3,\infty,\omega}.$$

引理 4.5[27]　设 $\mathcal{T}^h$ 是一致四面体剖分, 则 SPR 梯度恢复算子 R_h 满足

$$R_h v(N) = \frac{1}{24} \sum_{i=1}^{24} \nabla v(Q_i).$$

引理 4.6[34]　设 $\mathcal{T}^h$ 是一致四面体剖分, $\Pi u \in S_0^h(\Omega)$ 是 $u \in W^{3,\infty}(\Omega) \cap H_0^1(\Omega)$ 的线性插值, 则对任意的 $v \in S_0^h(\Omega)$, 有弱估计

$$|a(u - \Pi u, v)| \leqslant Ch^2 \|u\|_{3,\infty,\Omega} |v|_{1,1,\Omega}.$$

引理 4.7[96]　设 $\mathcal{T}^h$ 是一致四面体剖分, $q_0 \geqslant 3$, 对于三维离散导数格林函数 $\partial_{Z,\ell} G_Z^h \in S_0^h(\Omega)$, 有 $W^{1,1}$ 半范估计

$$\left| \partial_{Z,\ell} G_Z^h \right|_{1,1} \leqslant C |\ln h|^{\frac{4}{3}}.$$

由引理 4.6 和引理 4.7 立即可得下面定理 4.15.

定理 4.15　设 $\mathcal{T}^h$ 是一致四面体剖分, $q_0 \geqslant 3$, Πu 和 u_h 分别是 $u \in W^{3,\infty}(\Omega) \cap H_0^1(\Omega)$ 的线性插值和四面体线性有限元逼近, 则有超逼近估计

$$|u_h - \Pi u|_{1,\infty,\Omega} \leqslant Ch^2 |\ln h|^{\frac{4}{3}} \|u\|_{3,\infty,\Omega}. \tag{4.44}$$

证明　对任意的 $Z \in \Omega$ 和单位方向向量 ℓ, 由离散导数格林函数 $\partial_{Z,\ell} G_Z^h$ 的定义和 Galerkin 正交关系知

$$\partial_\ell (u_h - \Pi u)(Z) = a(u_h - \Pi u, \partial_{Z,\ell} G_Z^h) = a(u - \Pi u, \partial_{Z,\ell} G_Z^h).$$

利用引理 4.6,

$$|\partial_\ell (u_h - \Pi u)(Z)| \leqslant Ch^2 \|u\|_{3,\infty,\Omega} \left| \partial_{Z,\ell} G_Z^h \right|_{1,1,\Omega},$$

结合引理 4.7 即可得本定理结论.

定理 4.16　设 $\mathcal{T}^h$ 是一致四面体剖分, $\Pi u \in S_0^h(\Omega)$ 是 $u \in W^{3,\infty}(\Omega) \cap H_0^1(\Omega)$ 的线性插值, 则 SPR 梯度恢复算子 R_h 有超收敛估计

$$|\nabla u - R_h \Pi u|_{0,\infty,\Omega} \leqslant Ch^2 \|u\|_{3,\infty,\Omega}. \tag{4.45}$$

证明　设 $F : \hat{e} \to e$ 是一仿射变换. 显然, 由三角不等式、Sobolev 嵌入定理[1] 和引理 4.5, 有

$$
\begin{aligned}
|\nabla u - R_h \Pi u|_{0,\infty,\Omega} &= |\nabla u - R_h \Pi u|_{0,\infty,e} \\
&\leqslant Ch^{-1} \left| \nabla \hat{u} - R_h \widehat{\Pi u} \right|_{0,\infty,\hat{e}}
\end{aligned}
$$

$$\leqslant Ch^{-1}\left[\left|\nabla\hat{u}\right|_{0,\infty,\hat{e}}+\left|R_h\widehat{\Pi u}\right|_{0,\infty,\hat{e}}\right]$$

$$\leqslant Ch^{-1}\left[\left|\nabla\hat{u}\right|_{0,\infty,\hat{\chi}}+\left|\widehat{\Pi u}\right|_{1,\infty,\hat{\chi}}\right]$$

$$\leqslant Ch^{-1}\left\|\hat{u}\right\|_{3,\infty,\hat{\chi}},$$

这里, χ 是包含 e 的一个小的单元片. 当 $\hat{u}$ 是 $\hat{\chi}$ 上的二次多项式时,

$$\nabla\hat{u}-R_h\widehat{\Pi u}=0.$$

于是, 由 Bramble-Hilbert 引理[14],

$$\left|\nabla u-R_h\Pi u\right|_{0,\infty,\Omega}\leqslant Ch^{-1}\left|\hat{u}\right|_{3,\infty,\hat{\chi}}\leqslant Ch^2\left|u\right|_{3,\infty,\Omega}.$$

本定理得证.

定理 4.17 设 $\mathcal{T}^h$ 是一致四面体剖分, $q_0\geqslant 3$, $u_h\in S_0^h(\Omega)$ 是 $u\in W^{3,\infty}(\Omega)\cap H_0^1(\Omega)$ 的四面体线性有限元逼近, 则 SPR 梯度恢复算子 R_h 有超收敛估计

$$\left|\nabla u-R_hu_h\right|_{0,\infty,\Omega}\leqslant Ch^2|\ln h|^{\frac{4}{3}}\|u\|_{3,\infty,\Omega}. \tag{4.46}$$

证明 由三角不等式得

$$\left|\nabla u-R_hu_h\right|_{0,\infty,\Omega}\leqslant\left|R_h(u_h-\Pi u)\right|_{0,\infty,\Omega}+\left|\nabla u-R_h\Pi u\right|_{0,\infty,\Omega}$$

$$\leqslant\left|u_h-\Pi u\right|_{1,\infty,\Omega}+\left|\nabla u-R_h\Pi u\right|_{0,\infty,\Omega},$$

结合定理 4.15 和定理 4.16, 本定理即可得证.

4.3.4.2 关于四面体二次元

仍用 R_h 来表示 SPR 后处理算子, R_x,R_y,R_z 分别表示关于 x,y,z 的三个偏导数的恢复算子, 于是 $R_h=(R_x,R_y,R_z)$. 假设 N 是四面体单元 e 的一个顶点, 且是一致四面体剖分 $\mathcal{T}^h$ 的内节点, ω 是具有公共节点 N 的 24 个四面体组成的单元片, 如图 4.2.

以 N 为原点建立局部坐标系, 选取 x 方向的高斯点 G_i, $i=1,\cdots,4$ 作为样本点以恢复 $v\in S_0^h(\Omega)$ 在点 N 处的关于 x 的偏导数. 类似地, 通过选取 y 方向的高斯点 K_i, $i=1,\cdots,4$ 和 z 方向的高斯点 W_i, $i=1,\cdots,4$ 作为样本点来恢复点 N 处的关于 y 的偏导数和 z 的偏导数. 用 ω_x 来表示 4 个高斯点 G_i, $i=1,\cdots,4$ 所在的线段 M_1M_2, 如图 4.2. SPR 技术就是利用离散最小二乘拟合获得二次多项式 $p\in P_2(\omega_x)$, 使得

$$\||p-\partial_xv\||=\min_{q\in P_2(\omega_x)}\||q-\partial_xv\||, \tag{4.47}$$

这里, $v \in S_0^h(\Omega)$, $\|w\|^2 = \sum\limits_{i=1}^{4} |w(G_i)|^2$. 问题 (4.47) 等价于

$$\sum_{i=1}^{4}[p(G_i) - \partial_x v(G_i)]q(G_i) = 0, \quad \forall q \in P_2(\omega_x). \tag{4.48}$$

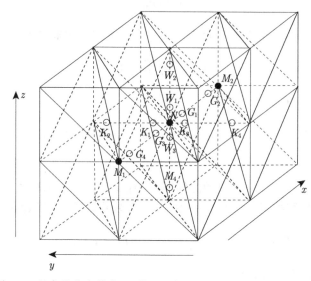

图 4.2　具有公共内节点 N 的 24 个四面体单元组成的单元片 ω

仍然定义 $R_x v(N) = p(0,0,0)$, 并称其为 v 在点 N 处关于 x 的偏导数的恢复值. 容易证明 $\|R_x v\| = \|p\| \leqslant \|\partial_x v\|$(参见文献 [160]). 于是, 下面的引理成立.

引理 4.8　假设 N 是四面体单元的一个顶点, 且是一致四面体剖分 $\mathcal{T}^h$ 的内节点, ω 是具有公共内节点 N 的 24 个单元组成的单元片, $\Pi u \in S_0^h(\Omega)$ 是 $u \in W^{4,\infty}(\Omega) \cap H_0^1(\Omega)$ 的二次插值, 则关于 x 的偏导数的 SPR 恢复算子 R_x 有超收敛估计

$$|\partial_x u(N) - R_x \Pi u(N)| \leqslant Ch^3 \|u\|_{4,\infty,\omega}. \tag{4.49}$$

特别, 如果 $u \in W^{5,\infty}(\Omega) \cap H_0^1(\Omega)$, 则有

$$|\partial_x u(N) - R_x \Pi u(N)| \leqslant Ch^4 \|u\|_{5,\infty,\omega}. \tag{4.50}$$

证明　对于 $q \in P_3(\omega)$, 有 $\partial_x q \in P_2(\omega_x)$ 和 $\partial_x q(G_i) = \partial_x \Pi q(G_i)$, $i = 1, \cdots, 4$. 于是 $R_x q = R_x \Pi q$, 且 $R_x q = \partial_x q$, 从而 $\partial_x q = R_x \Pi q$, 即在线段 ω_x 上

$$\partial_x q - R_x \Pi q = 0, \quad \forall q \in P_3(\omega). \tag{4.51}$$

于是

$$|\partial_x u(N) - R_x \Pi u(N)| = |\partial_x (u - q)(N) - R_x \Pi (u - q)(N)|$$

$$\leqslant \|\partial_x(u-q)\|_{0,\infty,\omega} + \|R_x\Pi(u-q)\|_{0,\infty,\omega_x}. \qquad (4.52)$$

由有限维空间范数的等价性和逆估计可得

$$\|R_x\Pi(u-q)\|_{0,\infty,\omega_x} \leqslant C\|\|R_x\Pi(u-q)\|\| \leqslant C\|\|\partial_x\Pi(u-q)\|\|$$
$$\leqslant C\|\partial_x\Pi(u-q)\|_{0,\infty,\omega} \leqslant Ch^{-1}\|u-q\|_{0,\infty,\omega}. \qquad (4.53)$$

结合 (4.52) 和 (4.53) 可得

$$|\partial_x u(N) - R_x\Pi u(N)| \leqslant \|\partial_x(u-q)\|_{0,\infty,\omega} + Ch^{-1}\|u-q\|_{0,\infty,\omega}. \qquad (4.54)$$

令 $\Pi_3 u$ 是 u 的三次插值函数. 在 (4.54) 中选取 $q = \Pi_3 u$, 由插值误差估计可得

$$|\partial_x u(N) - R_x\Pi u(N)| \leqslant Ch^3\|u\|_{4,\infty,\omega}.$$

(4.49) 得证.

此外, 考虑 q 是一个四次单项式的情况, 记 $q = x^i y^j z^k, i+j+k = 4$, 这里 i,j,k 是非负整数. 当 $0 \leqslant i \leqslant 3$ 时, 类似于 (4.49) 的论证, 在线段 ω_x 上有

$$\partial_x q - R_x\Pi q = 0. \qquad (4.55)$$

当 $i = 4$, 即 $q = x^4$ 时, 易得

$$\partial_x q(N) = R_x q(N) = R_x\Pi q(N) = 0. \qquad (4.56)$$

由 (4.51), (4.55) 和 (4.56), 可知

$$\partial_x q(N) - R_x\Pi q(N) = 0, \quad \forall q \in P_4(\omega).$$

若 $u \in W^{5,\infty}(\omega)$, 在 (4.54) 中令 q 是 u 的一个四次插值, 由插值误差估计即可获得结论 (4.50). 本引理得证.

引理 4.9 假设 N 是四面体单元的一个顶点, 且是一致四面体剖分 $\mathcal{T}^h$ 的内节点, $q_0 \geqslant 3$, $u_h \in S_0^h(\Omega)$ 是 $u \in W^{4,\infty}(\Omega) \cap H_0^1(\Omega)$ 的四面体二次有限元逼近, 则关于 x 的偏导数的 SPR 恢复算子 R_x 有超收敛估计

$$|\partial_x u(N) - R_x u_h(N)| \leqslant Ch^3|\ln h|^{\frac{4}{3}}\|u\|_{4,\infty,\Omega}. \qquad (4.57)$$

证明 由三角不等式和有限维空间的范数等价性可得

$$|\partial_x u(N) - R_x u_h(N)| \leqslant |R_x(u_h - \Pi u)(N)| + |\partial_x u(N) - R_x\Pi u(N)|$$
$$\leqslant \|R_x(u_h - \Pi u)\|_{0,\infty,\omega_x} + |\partial_x u(N) - R_x\Pi u(N)|$$

$$\leqslant C|||R_x(u_h - \Pi u)||| + |\partial_x u(N) - R_x \Pi u(N)|$$

$$\leqslant C|||\partial_x(u_h - \Pi u)||| + |\partial_x u(N) - R_x \Pi u(N)|$$

$$\leqslant C|\partial_x(u_h - \Pi u)|_{0,\infty,\omega} + |\partial_x u(N) - R_x \Pi u(N)|,\quad (4.58)$$

结合 (4.8), (4.49) 和 (4.58), 本引理得证.

关于 R_y 和 R_z, 类似于 (4.57) 的论证, 也有如下的超收敛结果:

$$|\partial_y u(N) - R_y u_h(N)| \leqslant Ch^3 |\ln h|^{\frac{4}{3}} \|u\|_{4,\infty,\Omega}, \quad (4.59)$$

$$|\partial_z u(N) - R_z u_h(N)| \leqslant Ch^3 |\ln h|^{\frac{4}{3}} \|u\|_{4,\infty,\Omega}. \quad (4.60)$$

结合 (4.57), (4.59) 和 (4.60), 即可得到下面定理.

定理 4.18[84]　假设 N 是四面体单元的一个顶点, 且是一致四面体剖分 $\mathcal{T}^h$ 的内节点, $q_0 \geqslant 3$, $u_h \in S_0^h(\Omega)$ 是 $u \in W^{4,\infty}(\Omega) \cap H_0^1(\Omega)$ 的四面体二次有限元逼近, 则 SPR 梯度恢复算子 $R_h = (R_x, R_y, R_z)$ 有超收敛估计

$$|\nabla u(N) - R_h u_h(N)| \leqslant Ch^3 |\ln h|^{\frac{4}{3}} \|u\|_{4,\infty,\Omega}. \quad (4.61)$$

注　关于四面体二次元 SPR 技术, 这里仅仅讨论了单元顶点且为剖分内节点处的 SPR 恢复算子的超收敛性, 事实上, 还可以讨论单元的棱的中点 (也为节点) 以及边界节点的梯度恢复值, 所有这些梯度的恢复值得到后再构造一个二次插值, 这便获得了具有整体超收敛性 (逐点意义下) 的 SPR 梯度后处理算子 R_h, 其超收敛估计为

$$|\nabla u - R_h u_h|_{0,\infty,\Omega} \leqslant Ch^3 |\ln h|^{\frac{4}{3}} \|u\|_{4,\infty,\Omega}. \quad (4.62)$$

4.3.4.3　关于 1×1 次张量积三棱柱元

近年来, 作者对三棱柱有限元的超收敛性做了详细研究, 文献 [106] 讨论了三棱柱元的逐点超逼近估计, 文献 [82] 研究了 1×1 次张量积三棱柱元的 SPR 后处理算子的构造及其超收敛性. 关于 1×1 次张量积三棱柱元, 这里仅叙述主要的引理和定理, 至于详细的证明有兴趣的读者可参见文献 [82].

引理 4.10[82]　设 $\mathcal{T}^h$ 是一致三棱柱剖分, ω 是具有公共内节点 N 的 12 个三棱柱单元组成的单元片, $\Pi u \in S_0^h(\Omega)$ 是 $u \in W^{3,\infty}(\Omega) \cap H_0^1(\Omega)$ 的 1×1 次张量积插值, 则 SPR 梯度恢复算子 R_h 有超收敛估计

$$|\nabla u(N) - R_h \Pi u(N)| \leqslant Ch^2 \|u\|_{3,\infty,\omega}. \quad (4.63)$$

引理 4.11[82]　设 $\mathcal{T}^h$ 是一致三棱柱剖分, $\Pi u \in S_0^h(\Omega)$ 是 $u \in W^{3,\infty}(\Omega) \cap H_0^1(\Omega)$ 的 1×1 次张量积插值, 则 SPR 梯度恢复算子 R_h 有超收敛估计

$$|\nabla u - R_h \Pi u|_{0,\infty,\Omega} \leqslant Ch^2 \|u\|_{3,\infty,\Omega}. \tag{4.64}$$

定理 4.19[82] 假设 $\mathcal{T}^h$ 是一致三棱柱剖分, $q_0 \geqslant 3$, $u_h \in S_0^h(\Omega)$ 是 $u \in W^{3,\infty}(\Omega) \cap H_0^1(\Omega)$ 的 1×1 次张量积三棱柱有限元逼近, 则 SPR 梯度恢复算子 R_h 有超收敛估计

$$|\nabla u - R_h u_h|_{0,\infty,\Omega} \leqslant Ch^2 |\ln h|^{\frac{4}{3}} \|u\|_{3,\infty,\Omega}. \tag{4.65}$$

4.3.4.4 关于 2×2 次张量积三棱柱元

文献 [85] 对 2×2 次张量积三棱柱元的超收敛性做了详细研究, 该有限元的节点分布如图 4.3. 显然, 一个三棱柱单元 e 可以看成一个二维三角形和一个一维线段的张量积, 即 $e = D \times L$, 如图 4.3 所示. 为便于读者了解这方面的内容, 我们将在这里把文献 [85] 的重要结论及其论证过程展现出来.

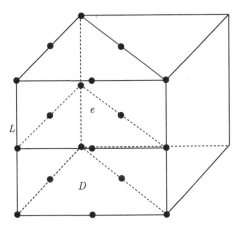

图 4.3 2×2 次张量积三棱柱元的节点分布

假设 N 是三棱柱单元的一个顶点, 且为一致三棱柱剖分 $\mathcal{T}^h$ 的内节点. 为了给出 $v \in S_0^h(\Omega)$ 在点 N 处的梯度恢复值, 利用 SPR 的思想, 需要考虑一个具有公共内节点 N 的 12 个三棱柱单元组成的单元片, 我们记该单元片为 ω, 如图 4.4. 显然, ω 关于 N 是点对称的. 在局部坐标系下, 假设点 N 的坐标为 (x_0, y_0, z_0), 则 $\sigma = \{(x,y,z) \in \omega : z = z_0\}$ 是一个二维单元片. 选取 σ 中 6 个三角形 Δ_i, $i = 1,2,\cdots,6$ 的边中点 Q_j, $j = 1,2,\cdots,18$ 为样本点, 其中 $Q_3 = Q_4$, $Q_6 = Q_7$, $Q_9 = Q_{10}$, $Q_{12} = Q_{13}$, $Q_{15} = Q_{16}$, $Q_{18} = Q_1$, 如图 4.5(a). 此外, 我们还要考虑一个一维单元片 $\iota = \{(x,y,z) \in \omega : x = x_0, y = y_0\}$, 它包含两条线段 $N_{-1}N$ 和 NN_1. 记线段 NN_1 的二阶高斯点为 G_1 和 G_2, 线段 $N_{-1}N$ 的二阶高斯点为 G_3 和 G_4, 如图 4.5(b). 通常, $v \in S_0^h(\Omega)$ 在点 Q_j 处的偏导数不存在. 关于样本点 $Q_j \in \Delta_i$, 我们引入记号 $\bar{\partial}_x v(Q_j) = \lim\limits_{Q \to Q_j} \partial_x v(Q)$ 和 $\bar{\partial}_y v(Q_j) = \lim\limits_{S \to Q_j} \partial_y v(S)$, 其中 $Q, S \in \Delta_i$, 向

量 $\overrightarrow{Q_jQ}$ 和 $\overrightarrow{Q_jS}$ 分别平行于 x 轴和 y 轴. 如果 G 是 Δ_i 的内点, 且 $S \in \Delta_i$, 当向量 $\overrightarrow{GS}$ 平行于 x 轴时, 记 $\bar{\partial}_x v(G) = \lim\limits_{S \to G} \partial_x v(S)$; 当向量 $\overrightarrow{GS}$ 平行于 y 轴时, 记 $\bar{\partial}_y v(G) = \lim\limits_{S \to G} \partial_y v(S)$. 显然, $\bar{\partial}_x v(G) = \partial_x v(G)$, $\bar{\partial}_y v(G) = \partial_y v(G)$. 记 $\bar{\nabla}_{xy} = (\bar{\partial}_x, \bar{\partial}_y)$ 和 $\nabla_{xy} = (\partial_x, \partial_y)$.

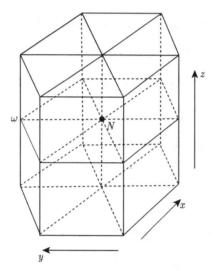

图 4.4　12 个三棱柱单元组成的单元片 ω

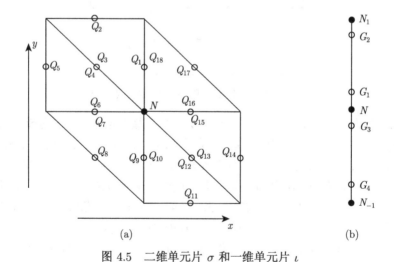

图 4.5　二维单元片 σ 和一维单元片 ι

利用 SPR 技术, 对于 $v \in S_0^h(\Omega)$, 需要获得一个二次向量函数 $p_2 \in (P_2(\omega))^2$, 使得

$$|||p_2 - \bar{\nabla}_{xy}v||| = \min_{g \in (P_2(\omega))^2} |||g - \bar{\nabla}_{xy}v|||, \tag{4.66}$$

其中, $|||w|||^2 = \sum\limits_{j=1}^{18} |w(Q_j)|^2$. 显然, 对于 $w \in (P_2(\omega))^2$, 有 $|||w||| = 0 \Leftrightarrow w = (0,0)$.
于是, 我们可以定义一个映射

$$R_{xy} : v \in S_0^h(\Omega) \to p_2 \in (P_2(\omega))^2.$$

此外, 还可以定义一个内积 $\langle a, b \rangle$, 使得

$$\langle a, b \rangle = \sum_{j=1}^{18} a(Q_j) \cdot b(Q_j) = \sum_{j=1}^{18} (a_1(Q_j)b_1(Q_j) + a_2(Q_j)b_2(Q_j)),$$

其中, $a = (a_1, a_2)$, $b = (b_1, b_2)$ 和 $a \cdot b = a_1 b_1 + a_2 b_2$. 显然, $\langle a, a \rangle = |||a|||^2$. 于是, 我
们有下面引理.

引理 4.12 假设 N 是三棱柱单元的一个顶点, 且为一致三棱柱剖分 $\mathcal{T}^h$ 的内
节点, $\Pi u \in S_0^h(\Omega)$ 是 $u \in W^{4,\infty}(\Omega) \cap H_0^1(\Omega)$ 的 2×2 次张量积插值, $v \in S_0^h(\Omega)$, 则
SPR 恢复算子 R_{xy} 满足

$$|||R_{xy}v||| \leqslant |||\bar{\nabla}_{xy}v|||, \tag{4.67}$$

$$|\nabla_{xy}u(N) - R_{xy}\Pi u(N)| \leqslant Ch^3 \|u\|_{4,\infty,\Omega}. \tag{4.68}$$

证明 若 (4.66) 成立, 对任意的 $k \in R$ 和 $g \in (P_2(\omega))^2$, 有

$$|||R_{xy}v + kg - \bar{\nabla}_{xy}v|||^2 \geqslant |||R_{xy}v - \bar{\nabla}_{xy}v|||^2,$$

即

$$2k < g, \quad R_{xy}v - \bar{\nabla}_{xy}v > + k^2 |||g||| \geqslant 0.$$

显然, 上式左边二次函数的判别式小于或等于 0. 于是, 有

$$\langle g, R_{xy}v - \bar{\nabla}_{xy}v \rangle = 0. \tag{4.69}$$

在 (4.69) 中选取 $g = R_{xy}v$ 可得

$$\langle R_{xy}v, R_{xy}v \rangle = \langle R_{xy}v, \bar{\nabla}_{xy}v \rangle. \tag{4.70}$$

由 (4.70) 知

$$|||R_{xy}v|||^2 = \langle R_{xy}v, R_{xy}v \rangle = \langle R_{xy}v, \bar{\nabla}_{xy}v \rangle \leqslant |||R_{xy}v||| \cdot |||\bar{\nabla}_{xy}v|||.$$

上式两边同除以 $|||R_{xy}v|||$ 即得结果 (4.67). 关于 (4.68), 类似的结果见文献 [148] 的
定理 3.1 和文献 [152] 的定理 3.3. 于是, 这里我们不再给出结果 (4.68) 的证明.

下面, 我们要给出偏导数 $\partial_z v$ 在点 N 处的恢复格式. 考虑线单元片 $\iota = N_{-1}N_1$, 如图 4.5(b), 选取高斯点 $G_j, j = 1, 2, 3, 4$ 作为样本点. 利用 SPR 技术, 需要获得一个二次函数 $p_2 \in P_2(\iota)$, 使得

$$|||p_2 - \partial_z v|||' = \min_{g \in P_2(\iota)} |||g - \partial_z v|||', \tag{4.71}$$

其中, $|||w|||' = \left(\sum\limits_{j=1}^{4} |w(G_j)|^2\right)^{\frac{1}{2}}$. 显然, 对于 $w \in P_2(\iota)$, 有 $|||w|||' = 0 \Leftrightarrow w = 0$. 于是可以定义一个映射

$$R_z : v \in S_0^h(\Omega) \to p_2 \in P_2(\iota).$$

类似于 (4.67) 的证明, 可以得到 $|||R_z v|||' \leqslant |||\partial_z v|||'$. 于是, 下面的引理成立.

引理 4.13 假设 N 是三棱柱单元的一个顶点, 且为一致三棱柱剖分 T^h 的内节点, $\Pi u \in S_0^h(\Omega)$ 是 $u \in W^{4,\infty}(\Omega) \cap H_0^1(\Omega)$ 的 2×2 次张量积插值, 则 SPR 恢复算子 R_z 有超收敛估计

$$|\partial_z u(N) - R_z \Pi u(N)| \leqslant Ch^3 \|u\|_{4,\infty,\Omega}. \tag{4.72}$$

特别, 若 $u \in W^{5,\infty}(\Omega) \cap H_0^1(\Omega)$, 则有

$$|\partial_z u(N) - R_z \Pi u(N)| \leqslant Ch^4 \|u\|_{5,\infty,\Omega}. \tag{4.73}$$

证明 设 $F : \hat{\iota} \to \iota$ 是一仿射变换, 其中, $\hat{\iota} = [-1, 1]$ 和 $F(\hat{z}) = z$, 特别 $F(0) = z_0$. 由于 $N = (x_0, y_0, z_0)$, 于是 $\hat{N} = (x_0, y_0, 0)$. 而且 $\hat{G}_1 = \left(x_0, y_0, \dfrac{3 - \sqrt{3}}{6}\right)$, $\hat{G}_2 = \left(x_0, y_0, \dfrac{3 + \sqrt{3}}{6}\right)$, $\hat{G}_3 = \left(x_0, y_0, \dfrac{\sqrt{3} - 3}{6}\right)$, $\hat{G}_4 = \left(x_0, y_0, -\dfrac{3 + \sqrt{3}}{6}\right)$. 用 $\hat{G}^*$ 表示 $\hat{G}$ 关于 $\hat{N}$ 的对称点. 从而, $\hat{G}_1^* = \hat{G}_3$, $\hat{G}_2^* = \hat{G}_4$, $\hat{G}_3^* = \hat{G}_1$, $\hat{G}_4^* = \hat{G}_2$. 显然,

$$|\partial_z u(N) - R_z \Pi u(N)| \leqslant Ch^{-1} \left|\hat{\partial}_{\hat{z}} \hat{u}(\hat{N}) - R_{\hat{z}} \hat{\Pi} \hat{u}(\hat{N})\right|. \tag{4.74}$$

记线性泛函

$$L'(\hat{u}) = \left|\hat{\partial}_{\hat{z}} \hat{u}(\hat{N}) - R_{\hat{z}} \hat{\Pi} \hat{u}(\hat{N})\right|.$$

显然, 若 $\hat{u} \in P_3(\hat{\iota})$, 那么 $\hat{\partial}_{\hat{z}} \hat{u} \in P_2(\hat{\iota})$. 于是, $R_{\hat{z}} \hat{u} = \hat{\partial}_{\hat{z}} \hat{u}$. 此外, 由于样本点是高斯点, $R_{\hat{z}} \hat{\Pi} \hat{u} = R_{\hat{z}} \hat{u}$. 所以, $\hat{\partial}_{\hat{z}} \hat{u} = R_{\hat{z}} \hat{\Pi} \hat{u}$, 即

$$L'(\hat{u}) = 0, \quad \forall \hat{u} \in P_3(\hat{\iota}). \tag{4.75}$$

由 (4.74), (4.75) 及 Bramble-Hilbert 引理[14], 即可得到结果 (4.72).

若 $\hat{u} = \hat{z}^4$, 则 $\hat{\partial}_z\hat{u}$ 是奇次的. 于是, $\hat{\partial}_z\hat{u}(\hat{N}) = 0$, 且

$$|||R_{\hat{z}}\hat{u}(\hat{G}) - \hat{\partial}_z\hat{u}(\hat{G})|||' = \sum_{j=1}^{4}|R_{\hat{z}}\hat{u}(\hat{G}_j) - \hat{\partial}_z\hat{u}(\hat{G}_j)|^2 = \sum_{j=1}^{4}|R_{\hat{z}}\hat{u}(\hat{G}_j^*) - \hat{\partial}_z\hat{u}(\hat{G}_j^*)|^2$$

$$= \sum_{j=1}^{4}|R_{\hat{z}}\hat{u}(\hat{G}_j^*) + \hat{\partial}_z\hat{u}(\hat{G}_j)|^2 = \sum_{j=1}^{4}|-R_{\hat{z}}\hat{u}(\hat{G}_j^*) - \hat{\partial}_z\hat{u}(\hat{G}_j)|^2$$

$$= |||-R_{\hat{z}}\hat{u}(\hat{G}^*) - \hat{\partial}_z\hat{u}(\hat{G})|||'.$$

由于满足 (4.71) 的二次函数是唯一的, 从而有 $R_{\hat{z}}\hat{u}(\hat{G}) = -R_{\hat{z}}\hat{u}(\hat{G}^*)$. 于是, $R_{\hat{z}}\hat{u}(\hat{N}) = 0$. 类似地, $R_{\hat{z}}\hat{\Pi}\hat{u}(\hat{N}) = 0$. 因此, 当 $\hat{u} = \hat{z}^4$ 时,

$$L'(\hat{u}) = 0, \tag{4.76}$$

结合 (4.75) 和 (4.76), 可得

$$L'(\hat{u}) = 0, \quad \forall \hat{u} \in P_4(\hat{\iota}). \tag{4.77}$$

若 $u \in W^{5,\infty}(\Omega)$, 由 (4.74), (4.77) 及 Bramble-Hilbert 引理[14], 可得结果 (4.73). 本引理得证.

记 $R_h = (R_{xy}, R_z)$, 由 (4.68) 和 (4.72) 即可得下面结果.

引理 4.14[85] 假设 N 是三棱柱单元的一个顶点, 且为一致三棱柱剖分 $\mathcal{T}^h$ 的内节点, $\Pi u \in S_0^h(\Omega)$ 是 $u \in W^{4,\infty}(\Omega) \cap H_0^1(\Omega)$ 的 2×2 次张量积插值, 则 SPR 梯度恢复算子 R_h 有超收敛估计

$$|\nabla u(N) - R_h\Pi u(N)| \leqslant Ch^3\|u\|_{4,\infty,\Omega}. \tag{4.78}$$

由上面的引理及超逼近估计即可得下面的超收敛估计.

定理 4.20 假设 N 是三棱柱单元的一个顶点, 且为一致三棱柱剖分 $\mathcal{T}^h$ 的内节点, $q_0 \geqslant 3$, $u_h \in S_0^h(\Omega)$ 是 $u \in W^{4,\infty}(\Omega) \cap H_0^1(\Omega)$ 的 2×2 次张量积三棱柱有限元逼近, 则 SPR 梯度恢复算子 R_h 有超收敛估计

$$|\nabla u(N) - R_hu_h(N)| \leqslant Ch^3|\ln h|^{\frac{4}{3}}\|u\|_{4,\infty,\Omega}. \tag{4.79}$$

证明 由三角不等式和有限维空间范数的等价性可得

$$|\nabla u(N) - R_hu_h(N)| \leqslant |R_h(u_h - \Pi u)(N)| + |\nabla u(N) - R_h\Pi u(N)|$$

$$\leqslant |R_{xy}(u_h - \Pi u)(N)| + |R_z(u_h - \Pi u)(N)| + |\nabla u(N) - R_h\Pi u(N)|$$

$$\leqslant \|R_{xy}(u_h - \Pi u)\|_{0,\infty,\omega} + \|R_z(u_h - \Pi u)\|_{0,\infty,\iota} + |\nabla u(N) - R_h\Pi u(N)|$$

$$\leqslant C|||R_{xy}(u_h - \Pi u)||| + C|||R_z(u_h - \Pi u)|||' + |\nabla u(N) - R_h\Pi u(N)|$$

$$\leqslant C|||\bar{\nabla}_{xy}(u_h - \Pi u)||| + C|||\partial_z(u_h - \Pi u)|||' + |\nabla u(N) - R_h \Pi u(N)|$$

$$\leqslant C|u_h - \Pi u|_{1,\infty,\omega} + C|u_h - \Pi u|_{1,\infty,\iota} + |\nabla u(N) - R_h \Pi u(N)|$$

$$\leqslant C|u_h - \Pi u|_{1,\infty,\Omega} + |\nabla u(N) - R_h \Pi u(N)|,$$

上式结合 (4.9) 和 (4.78) 即可证明本定理.

4.3.4.5　关于张量积线性长方体元

这种有限元的 SPR 技术在文献 [88] 中已经详细讨论了, 其基本思路和主要结果的论证过程与四面体线性元类似, 在此, 我们仅将重要的结果展现出来, 具体论证过程请参见文献 [88]. 假设 N 是一致长方体剖分的内节点, 对于该点处的 SPR 梯度恢复, 需要在以 N 为中心的单元片上进行. 在一致长方体剖分下, 我们将具有公共内节点 N 的 8 个长方体单元的并集叫做一个单元片, 记为 ω, 如图 4.6.

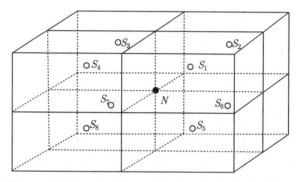

图 4.6　具有公共内节点 N 的包含 8 个单元的单元片 ω

以 N 为原点建立局部坐标系, 设 S_j 是单元 $e_j \subset \omega$, $j = 1, 2, \cdots, 8$ 的中心, 如图 4.6. 把 $S_j, j = 1, 2, \cdots, 8$ 作为样本点采用最小二乘拟合获得有限元逼近 u_h 在 N 处的梯度恢复值, 记为 $R_h u_h(N)$. 同样的方法可获得 u_h 在其他内节点处的梯度恢复值. 若 N 是边界节点, 并假设 N_1 和 N_2 是 N 的两个相邻的内节点, 则利用 u_h 在 N_1 和 N_2 处的梯度恢复值做外推, 以获得边界节点 N 处的梯度恢复值, 即

$$R_h u_h(N) = 2R_h u_h(N_1) - R_h u_h(N_2).$$

最后将所获得的所有节点处的梯度恢复值做张量积线性插值, 便得到了 u_h 的 SPR 梯度恢复函数, 记为 $R_h u_h$, 该恢复函数具有下面的超收敛性.

定理 4.21[88]　设 $\mathcal{T}^h$ 是一致长方体剖分, $q_0 \geqslant 3$, $u_h \in S_0^h(\Omega)$ 是 $u \in W^{3,\infty}(\Omega) \cap H_0^1(\Omega)$ 的张量积线性长方体有限元逼近, 则 SPR 梯度恢复算子 R_h 有超收敛估计

$$|\nabla u - R_h u_h|_{0,\infty,\Omega} \leqslant Ch^2 |\ln h|^{\frac{4}{3}} \|u\|_{3,\infty,\Omega}. \tag{4.80}$$

第5章 多维格林函数及其 Galerkin 逼近

在前面章节讨论的多维有限元超收敛中, 获得的超收敛结果均为整体超收敛估计, 这种估计依赖于两点: 第一, 对剖分要求很规整, 至少要求整个区域实行 C 一致或分片 C 一致剖分; 第二, 对解的光滑度要求很高, 一般要求真解 $u \in H^{k+2}(k \geqslant 1)$, 甚至 $u \in W^{k+2,\infty}(k \geqslant 1)$. 事实上, 对于边值问题, 当区域带角时, 剖分可以做到很规整, 但解在角点处有奇性, 解的光滑度就不可能高, 即使方程的右端函数 $f \in C^\infty$ 也是如此. 当区域边界光滑时, 解的光滑度可以很高, 但剖分却难以做到规整, 特别是在边界附近. 因而整体超收敛估计所要求的两点过于苛刻. 我们知道, 方程的解在区域内部以及邻近于光滑边界的子域上可以任意光滑, 而在局部要求剖分规整也是件容易的事. 这自然就引导我们去考虑有限元的局部超收敛估计. 最早提出利用局部对称处理技巧来讨论局部估计 (内估计) 的是 Schatz-Sloan-Wahlbin, 他们的内估计做得非常精细, 可以在点 Z 的半径为 $O(h^\alpha)$ 的领域内进行, 他们获得了 $N(N \geqslant 1)$ 维有限元的局部最大模估计和局部对称点上的超收敛估计[122]. 对于一、二维有限元问题, 局部超收敛估计早已获得[162], 对于三维及以上的多维问题, 最近也有文献讨论了在局部网格对称点上的局部超收敛估计, 如文献 [41]. 总体而言, 多维有限元的局部估计和局部超收敛估计结果很少, 在此, 我们也仅讨论三维问题有限元的局部估计和局部超收敛估计, 三维以上的多维有限元的结果可以平行推广而得.

本章主要讨论在局部估计中具有重要作用的格林函数的估计, 利用“极限过渡”思想将在整体超收敛研究中用到的三维正则格林函数过渡到三维格林函数, 并讨论这种格林函数的性质及其 Galerkin 逼近的各种估计, 这些性质和估计在下一章将会用到. 本章内容主要来自文献 [90, 91, 109].

5.1 格林函数的定义及其性质

不失一般性, 我们仅考虑 Poisson 方程

$$\begin{cases} \mathcal{L}u \equiv -\Delta u = f, & \text{在}\Omega\text{内}, \\ u = 0, & \text{在边界}\partial\Omega\text{上}, \end{cases}$$

这里 $\Omega \subset R^3$ 是一多面体. 该问题的弱问题为: 找 $u \in H_0^1(\Omega)$, 使得对任意的 $v \in$

$H_0^1(\Omega)$, 有

$$a(u, v) = (f, v), \tag{5.1}$$

其中

$$a(u, v) \equiv \int_\Omega \nabla u \cdot \nabla v \, dxdydz, \quad (f, v) \equiv \int_\Omega fv \, dxdydz.$$

假定 $f \in L^2(\Omega)$, $\{\mathcal{T}^h\}$ 为 $\bar{\Omega}$ 的正规剖分族, $S_0^h(\Omega)$ 是剖分 $\mathcal{T}^h$ 上的 $m(m \geqslant 1)$ 次有限元空间. 于是, 问题 (5.1) 的有限元方法为: 找 $u_h \in S_0^h(\Omega)$, 使得对任意的 $v \in S_0^h(\Omega)$, 有

$$a(u_h, v) = (f, v). \tag{5.2}$$

由 (5.1) 和 (5.2) 立即可得 Galerkin 正交关系

$$a(u - u_h, v) = 0, \quad \forall v \in S_0^h(\Omega). \tag{5.3}$$

定义 5.1　称 G_Z 为格林函数, 如果

$$a(G_Z, v) = v(Z), \quad \forall v \in C_0^\infty(\Omega).$$

如上定义的格林函数满足下面定理.

定理 5.1　存在唯一的 $G_Z \in W_0^{1,p}(\Omega) \left(1 \leqslant p < \dfrac{3}{2}\right)$, 使得

$$a(G_Z, v) = v(Z), \quad \forall v \in W_0^{1,p'}(\Omega), \quad \frac{1}{p} + \frac{1}{p'} = 1. \tag{5.4}$$

证明　首先证明 G_Z 的唯一性. 假设存在另一个格林函数 $G_Z' \in W_0^{1,p}(\Omega)$ 满足 (5.4). 记 $E_Z = G_Z - G_Z'$, 于是

$$a(E_Z, v) = 0, \quad \forall v \in W_0^{1,p'}(\Omega). \tag{5.5}$$

当 $1 < p < \dfrac{3}{2}$ 时, 对任何 $\varphi \in L^{p'}(\Omega)$, 存在 $w \in W^{2,p'} \cap W_0^{1,p'}(\Omega)$ 使得 $\mathcal{L}w = \varphi$. 显然, $\mathrm{sgn} E_Z |E_Z|^{p-1} \in L^{p'}(\Omega)$, 于是可找 $w \in W^{2,p'} \cap W_0^{1,p'}(\Omega)$ 使得 $\mathcal{L}w = v$. 从而有

$$\|E_Z\|_{0,p}^p = (E_Z, \mathrm{sgn} E_Z |E_Z|^{p-1}) = a(E_Z, w), \tag{5.6}$$

由 (5.5) 和 (5.6) 可得 $\|E_Z\|_{0,p} = 0$, 即 $G_Z = G_Z'$. 类似地, 当 $p = 1$ 时, 我们也可以证明 $G_Z = G_Z'$. 唯一性得证.

下面证明 G_Z 的存在性. 我们给出一列有限元空间 $S_0^{h_i}(\Omega)$, $i = 0, 1, 2, \cdots$, 当 $i < j$ 时满足 $S_0^{h_i}(\Omega) \subset S_0^{h_j}(\Omega)$, 这里 $h_0 \equiv h$, $\dfrac{1}{4}h_{i-1} \leqslant h_i \leqslant \dfrac{1}{2}h_{i-1}$. 假

设 $G_{Z,i}^*$ 是有限元空间 $S_0^{h_i}(\Omega)$ 对应的正则格林函数, $G_Z^{h_i}$ 是离散格林函数. 显然, $a(G_{Z,i+1}^* - G_Z^{h_i}, v) = 0$, $\forall v \in S_0^{h_i}(\Omega)$. 可证[91]

$$\left\| G_Z^* - G_Z^h \right\|_{1,p} \leqslant \begin{cases} Ch^{\frac{3-2p}{p}} \left| \ln h \right|^{\frac{1}{6}}, & 1 < p < \dfrac{3}{2}, \\ Ch \left| \ln h \right|^{\frac{2}{3}}, & p = 1. \end{cases} \tag{5.7}$$

当 $1 < p < \dfrac{3}{2}$ 时, 类似可证

$$\left\| G_{Z,i+1}^* - G_Z^{h_i} \right\|_{1,p} \leqslant Ch_i^{\frac{3-2p}{p}} \left| \ln h_i \right|^{\frac{1}{6}},$$

结合上面两式可得

$$\left\| G_{Z,i+1}^* - G_{Z,i}^* \right\|_{1,p} \leqslant Ch_i^{\frac{3-2p}{p}} \left| \ln h_i \right|^{\frac{1}{6}}. \tag{5.8}$$

于是

$$\sum_{i=0}^{\infty} \left\| G_{Z,i+1}^* - G_{Z,i}^* \right\|_{1,p} \leqslant C \sum_{i=0}^{\infty} \left(\frac{h}{2^i} \right)^{\frac{3-2p}{p}} \left| \ln \frac{h}{2^i} \right|^{\frac{1}{6}} \leqslant Ch^{\frac{3-2p}{p}} \left| \ln h \right|^{\frac{1}{6}}. \tag{5.9}$$

记

$$G_Z \equiv G_Z^* + \sum_{i=0}^{\infty} (G_{Z,i+1}^* - G_{Z,i}^*).$$

于是 $G_Z \in W_0^{1,p}(\Omega)$. 由 (5.9) 可得

$$\left\| G_Z - G_Z^* \right\|_{1,p} \leqslant Ch^{\frac{3-2p}{p}} \left| \ln h \right|^{\frac{1}{6}}. \tag{5.10}$$

类似地, 当 $p = 1$ 时, 有

$$\left\| G_Z - G_Z^* \right\|_{1,1} \leqslant Ch \left| \ln h \right|^{\frac{2}{3}}. \tag{5.11}$$

因而, 当 $1 \leqslant p < \dfrac{3}{2}$ 且 $i \to \infty$ 时, $G_{Z,i}^* \to G_Z \in W^{1,p}(\Omega)$. 由 (3.26) 及插值误差估计得

$$\left\| v - P_h v \right\|_{0,\infty,\Omega} \leqslant C \left\| v - \Pi v \right\|_{0,\infty,\Omega} \leqslant Ch^{1-\frac{3}{p'}} \left\| v \right\|_{1,p',\Omega}, \tag{5.12}$$

这里, $3 < p' \leqslant \infty$. 于是, 对任意的 $v \in W_0^{1,p'}(\Omega)$, 由 (5.10)—(5.12) 可得

$$a(G_Z, v) = \lim_{i \to \infty} a(G_{Z,i}^*, v) = \lim_{i \to \infty} P_{h_i} v(Z) = v(Z).$$

定理 5.1 得证.

现在证明 G_Z 与 h 无关. 假设关于网格尺寸 $\tilde{h}$ 的格林函数为 $\tilde{G}_Z$. 此外, $\frac{1}{4}\tilde{h}_{i-1} \leqslant$ $\tilde{h}_i \leqslant \frac{1}{2}\tilde{h}_{i-1}$, $\tilde{h}_0 = \tilde{h}$. 于是, 对任意的 $f \in L^{p'}(\Omega)$, 选取 $v \in W^{2,p'}(\Omega) \cap W_0^{1,p'}(\Omega)$ 使得 $\mathcal{L}v = f$, 则 $(G_Z, f) = a(G_Z, v) = v(Z)$, $(\tilde{G}_Z, f) = a(\tilde{G}_Z, v) = v(Z)$. 从而 $(G_Z, f) = (\tilde{G}_Z, f)$, 即 $(G_Z - \tilde{G}_Z, f) = 0$. 因而 $G_Z = \tilde{G}_Z$, 即 G_Z 与 h 无关.

下面给出导数格林函数的定义.

定义 5.2 称 $\partial_{Z,\ell}G_Z$ 为导数格林函数, 如果

$$a(\partial_{Z,\ell}G_Z, v) = \partial_\ell v(Z), \quad \forall v \in C_0^\infty(\Omega),$$

其中, $\ell \in R^3$ 是给定的某单位方向向量.

现在引进另一个权函数

$$\tau = |X - Z|^{-3}, \quad \forall X \in \bar{\Omega}.$$

可以证明[91]

$$\left\| \partial_{Z,\ell}G_Z^* - \partial_{Z,\ell}G_Z^h \right\|_{1,\tau^{-\alpha}} \leqslant \left\| \partial_{Z,\ell}G_Z^* - \partial_{Z,\ell}G_Z^h \right\|_{1,\phi^{-\alpha}} \leqslant Ch^{\frac{3(\alpha-1)}{2}} |\ln h|^{\frac{4-3\alpha}{6}}, \quad (5.13)$$

其中, 当 $3 < q_0 < 6$ 时, $1 < \alpha < \frac{5}{3} - \frac{2}{q_0}$; 当 $q_0 \geqslant 6$ 时, $1 < \alpha < \frac{4}{3}$. 类似于定理 5.1 中的论证技巧, 由上式可得

$$\sum_{i=0}^{\infty} \left\| \partial_{Z,\ell}G_{Z,i+1}^* - \partial_{Z,\ell}G_{Z,i}^* \right\|_{1,\tau^{-\alpha}} \leqslant Ch^{\frac{3(\alpha-1)}{2}} |\ln h|^{\frac{4-3\alpha}{6}}.$$

记

$$F \equiv \partial_{Z,\ell}G_Z^* + \sum_{i=0}^{\infty}(\partial_{Z,\ell}G_{Z,i+1}^* - \partial_{Z,\ell}G_{Z,i}^*),$$

这里, $\|F\|_{1,\tau^{-\alpha}} < \infty$ 且 $\partial_{Z,\ell}G_{Z,i}^* = \lim\limits_{|\Delta Z| \to 0} \dfrac{G_{Z+\Delta Z,i}^* - G_{Z,i}^*}{|\Delta Z|}$, $\Delta Z = |\Delta Z|\ell$. 由定理 5.1 的论证知

$$G_{Z+\Delta Z} \equiv G_{Z+\Delta Z}^* + \sum_{i=0}^{\infty}(G_{Z+\Delta Z,i+1}^* - G_{Z+\Delta Z,i}^*),$$

$$G_Z \equiv G_Z^* + \sum_{i=0}^{\infty}(G_{Z,i+1}^* - G_{Z,i}^*).$$

于是 $F = \lim\limits_{|\Delta Z| \to 0} \dfrac{G_{Z+\Delta Z} - G_Z}{|\Delta Z|} = \partial_{Z,\ell}G_Z$, 即

$$\partial_{Z,\ell}G_Z = \partial_{Z,\ell}G_Z^* + \sum_{i=0}^{\infty}(\partial_{Z,\ell}G_{Z,i+1}^* - \partial_{Z,\ell}G_{Z,i}^*), \quad \|\partial_{Z,\ell}G_Z\|_{1,\tau^{-\alpha}} < \infty. \quad (5.14)$$

记 $W_\beta(\Omega) = \{v : v|_{\partial\Omega} = 0, \|v\|_{1,\tau^\beta} < \infty\}$. 由 (5.14) 知 $\partial_{Z,\ell}G_Z \in W_{-\alpha}(\Omega)$. 关于导数格林函数 $\partial_{Z,\ell}G_Z$, 有下面定理成立.

定理 5.2 存在唯一的 $\partial_{Z,\ell}G_Z \in W_{-\alpha}(\Omega)$, 使得

$$a(\partial_{Z,\ell}G_Z, v) = \partial_\ell v(Z), \quad \forall v \in W_\alpha(\Omega) \cap C_0^\infty(\Omega), \tag{5.15}$$

其中, 当 $3 < q_0 < 6$ 时, $1 < \alpha < \dfrac{5}{3} - \dfrac{2}{q_0}$; 当 $q_0 \geqslant 6$ 时, $1 < \alpha < \dfrac{4}{3}$.

证明 由 (5.14) 可得

$$\|\partial_{Z,\ell}G_Z - \partial_{Z,\ell}G_Z^*\|_{1,\tau^{-\alpha}} \leqslant Ch^{\frac{3(\alpha-1)}{2}} |\ln h|^{\frac{4-3\alpha}{6}}. \tag{5.16}$$

即当 $h \to 0$ 时, $\partial_{Z,\ell}G_Z^* \to \partial_{Z,\ell}G_Z \in W_{-\alpha}(\Omega)$. 进一步可得

$$a(\partial_{Z,\ell}G_Z, v) = \lim_{h\to 0} a(\partial_{Z,\ell}G_Z^*, v) = \lim_{h\to 0} \partial_\ell P_h v(Z). \tag{5.17}$$

此外,

$$\|v - P_h v\|_{1,\infty} \leqslant C \|v - \Pi v\|_{1,\infty} \leqslant Ch \|v\|_{2,\infty}.$$

即

$$\|v - P_h v\|_{1,\infty} \to 0 \quad (h \to 0). \tag{5.18}$$

结合 (5.17) 和 (5.18) 得

$$a(\partial_{Z,\ell}G_Z, v) = \partial_\ell v(Z).$$

存在性证毕. 唯一性证明类似于定理 5.1 的论证, 这里不再赘述.

关于格林函数, 还有如下几个重要性质.

性质 5.1

$$\|G_Z - G_Z^*\|_{1,p} \leqslant Ch^{\frac{3-2p}{p}} |\ln h|^{\frac{1}{6}}, \quad 1 < p < \frac{3}{2}.$$

$$\|G_Z - G_Z^*\|_{1,1} \leqslant Ch |\ln h|^{\frac{2}{3}}.$$

性质 5.2

$$\|G_Z - G_Z^*\|_{0,p} \leqslant Ch^{\frac{3-p}{p}}, \quad q_0 > \frac{3}{2}, \quad \frac{\min\{2,q_0\}}{\min\{2,q_0\}-1} < p < 3.$$

性质 5.3

$$\|\partial_{Z,\ell}G_Z - \partial_{Z,\ell}G_Z^*\|_{1,\tau^{-\alpha}} \leqslant Ch^{\frac{3(\alpha-1)}{2}} |\ln h|^{\frac{4-3\alpha}{6}},$$

其中, 当 $3 < q_0 < 6$ 时, $1 < \alpha < \dfrac{5}{3} - \dfrac{2}{q_0}$; 当 $q_0 \geqslant 6$ 时, $1 < \alpha < \dfrac{4}{3}$.

性质 5.4　若 $q_0 > \dfrac{3}{2}$, 则

$$\|G_Z\|_{0,q} \leqslant C(q), \quad 1 \leqslant q \leqslant 3.$$

$$\|G_Z\|_{1,\tau-\epsilon} \leqslant C(\epsilon), \quad \frac{1}{3} < \epsilon < \infty.$$

$$\|G_Z\|_{1,q} \leqslant C(q), \quad 1 \leqslant q < \frac{3}{2}.$$

性质 5.5

$$\|\partial_{Z,\ell} G_Z\|_{1,\tau-\alpha} \leqslant C(\alpha),$$

其中, 当 $3 < q_0 < 6$ 时, $1 < \alpha < \dfrac{5}{3} - \dfrac{2}{q_0}$; 当 $q_0 \geqslant 6$ 时, $1 < \alpha < \dfrac{4}{3}$.

5.2　格林函数的 Galerkin 逼近及其估计

由定理 5.1 知

$$a(G_Z, v) = v(Z), \quad \forall v \in S_0^h(\Omega) \subset W^{1,p'}(\Omega).$$

结合离散格林函数的定义 (3.48) 和上式可得

$$a(G_Z - G_Z^h, v) = 0, \quad \forall v \in S_0^h(\Omega).$$

于是 G_Z^h 是 G_Z 的 Galerkin 逼近. 由 (5.7) 和性质 5.1 立即可得下面定理.

定理 5.3　G_Z 和 G_Z^h 分别是格林函数和离散格林函数, 则

$$\left\|G_Z - G_Z^h\right\|_{1,p} \leqslant \begin{cases} Ch^{\frac{3-2p}{p}} |\ln h|^{\frac{1}{6}}, & 1 < p < \dfrac{3}{2}, \\ Ch |\ln h|^{\frac{2}{3}}, & p = 1, \end{cases} \tag{5.19}$$

其中, C 与 h 和 Z 无关.

定理 5.4　假设 $q_0 = \infty$, G_Z 和 G_Z^h 分别是格林函数和离散格林函数, 则

$$\left\|G_Z - G_Z^h\right\|_{0,1} \leqslant Ch^2 |\ln h|^{\frac{5}{3}}, \tag{5.20}$$

其中, C 与 h 和 Z 无关.

证明　对任意的 $\varphi \in L^\infty(\Omega)$, 存在唯一的 $v \in W^{2,\infty}(\Omega) \cap H_0^1(\Omega)$ 使得 $\mathcal{L}v = \varphi$, 且

$$(G_Z - G_Z^h, \varphi) = a(G_Z - G_Z^h, v) = a(G_Z, v - v_h) = v(Z) - v_h(Z), \tag{5.21}$$

这里, v_h 是 v 的有限元逼近. 由 (3.26) 得

$$|v(Z) - P_h v(Z)| \leqslant \|v - P_h v\|_{0,\infty} \leqslant C \|v - \Pi v\|_{0,\infty} \leqslant C h^{2-\frac{3}{q}} \|v\|_{2,q}, \tag{5.22}$$

其中, $1 < q < q_0$. 此外, 由 (5.7), Hölder 不等式以及插值误差估计, 我们有

$$|P_h v(Z) - v_h(Z)| = |a(v - v_h, G_Z^*)| = |a(v - v_h, G_Z^* - G_Z^h)|$$
$$= |a(v - \Pi v, G_Z^* - G_Z^h)| \leqslant C \|G_Z^* - G_Z^h\|_{1,1} \|v - \Pi v\|_{1,\infty}$$
$$\leqslant C h^{2-\frac{3}{q}} |\ln h|^{\frac{2}{3}} \|v\|_{2,q}. \tag{5.23}$$

由 (5.21)—(5.23) 及三角不等式可得

$$|(G_Z - G_Z^h, \varphi)| = |v(Z) - v_h(Z)| \leqslant C h^{2-\frac{3}{q}} |\ln h|^{\frac{2}{3}} \|v\|_{2,q}.$$

进一步, 由先验估计 (定理 1.5) 得

$$|(G_Z - G_Z^h, \varphi)| \leqslant C(q) h^{2-\frac{3}{q}} |\ln h|^{\frac{2}{3}} \|\varphi\|_{0,q}.$$

由于 $q_0 = \infty$, 在上式中我们可以选取 $q = |\ln h| < q_0$, 且有 $C(q) \leqslant Cq$. 于是

$$|(G_Z - G_Z^h, \varphi)| \leqslant C h^2 |\ln h|^{\frac{5}{3}} \|\varphi\|_{0,\infty}.$$

由上式知 (5.20) 成立. 定理得证.

定理 5.5　假设 G_Z 和 G_Z^h 分别是格林函数和离散格林函数, 则

$$\|G_Z - G_Z^h\|_{1,\tau^{-1}} \leqslant C h |\ln h|^{\frac{1}{6}}, \tag{5.24}$$

$$\|G_Z - G_Z^h\|_{1,\tau^{-\alpha}} \leqslant C(\alpha) h \begin{cases} \forall\, 1 < \alpha < \dfrac{5}{3} - \dfrac{2}{q_0}, & 3 < q_0 < 6, \\[2mm] \forall\, 1 < \alpha < \dfrac{4}{3}, & q_0 \geqslant 6, \end{cases} \tag{5.25}$$

其中, C 与 h 和 Z 无关.

证明　显然, 当 $k > 0$ 时, $\tau^{-k} < \phi^{-k}$. 由正则格林函数及其有限元逼近的权范数估计, 可证[91]

$$\|G_Z^* - G_Z^h\|_{1,\tau^{-1}} \leqslant C h |\ln h|^{\frac{1}{6}}, \tag{5.26}$$

$$\|G_Z^* - G_Z^h\|_{1,\tau^{-\alpha}} \leqslant C(\alpha) h \begin{cases} 1 < \forall\, \alpha < \dfrac{5}{3} - \dfrac{2}{q_0}, & 3 < q_0 < 6, \\[2mm] 1 < \forall\, \alpha < \dfrac{4}{3}, & q_0 \geqslant 6. \end{cases} \tag{5.27}$$

进一步, 利用极限过渡思想, (5.26) 和 (5.27), 类似于定理 5.1 的论证即可证明本定理.

关于导数格林函数和离散导数格林函数, 由 (5.13) 和 (5.16) 及三角不等式立即可得下面定理.

定理 5.6　假设 $\partial_{Z,\ell}G_Z$ 和 $\partial_{Z,\ell}G_Z^h$ 分别是导数格林函数和离散导数格林函数, 则

$$\left\|\partial_{Z,\ell}G_Z - \partial_{Z,\ell}G_Z^h\right\|_{1,\tau-\alpha} \leqslant Ch^{\frac{3(\alpha-1)}{2}}|\ln h|^{\frac{4-3\alpha}{6}}\begin{cases} \forall\, 1 < \alpha < \dfrac{5}{3} - \dfrac{2}{q_0}, & 3 < q_0 < 6, \\[2mm] \forall\, 1 < \alpha < \dfrac{4}{3}, & q_0 \geqslant 6. \end{cases}$$

$$(5.28)$$

注　本章的结果对于更一般的变系数椭圆方程

$$\begin{cases} \mathcal{L}u \equiv -\displaystyle\sum_{i,j=1}^{3}\partial_j(a_{ij}\partial_i u) + a_0 u = f, & \text{在}\Omega\text{内}, \\[2mm] u = 0, & \text{在边界}\partial\Omega\text{上} \end{cases}$$

$$(5.29)$$

也是适用的.

第6章 多维有限元的局部估计和局部超收敛估计

上一章介绍了格林函数及其 Galerkin 逼近, 给出了它们的一些性质和 Galerkin 逼近的估计, 这些性质和估计将在本章中用到. 本章主要讨论多维有限元的局部估计, 进一步结合超逼近估计获得局部超收敛估计. 本章仅针对三维有限元进行讨论, 三维以上的高维有限元的结果类似可得. 本章的许多结论都来源于文献 [109], 有兴趣的读者可以参考该文献.

6.1 局 部 估 计

考虑方程 (5.29), 其中 $\Omega \subset R^3$ 是一有界区域, 其弱形式为

$$\begin{cases} \text{找 } u \in H_0^1(\Omega), \text{ 使得} \\ a(u, v) = (f, v), \quad \forall v \in H_0^1(\Omega), \end{cases} \tag{6.1}$$

这里,

$$a(u, v) \equiv \int_\Omega \left(\sum_{i,j=1}^3 a_{ij}\partial_i u \partial_j v + a_0 uv \right) dxdydz, \quad (f, v) \equiv \int_\Omega fv\, dxdydz.$$

假定 $a_{ij} \in W^{1,\infty}(\Omega)$, $a_{ij} = a_{ji}$, $a_0 \in L^\infty(\Omega)$, $f \in L^2(\Omega)$. 此外, 记

$$\partial_1 u = \frac{\partial u}{\partial x}, \quad \partial_2 u = \frac{\partial u}{\partial y}, \quad \partial_3 u = \frac{\partial u}{\partial z}.$$

引理 6.1 假定 $q_0 > 3$, $D \subset \Omega$, $Z \in \Omega \setminus \bar{D}$, $\rho \equiv \mathrm{dist}(Z, \bar{D})$, 则

$$\|G_Z\|_{2,D} + \|\partial_{Z,\ell} G_Z\|_{2,D} \leqslant C(\rho). \tag{6.2}$$

证明 选取 $D_1 \subset \Omega$, 使得 $D \subset\subset D_1$, $Z \in \Omega \setminus \bar{D}_1$, 且 $\mathrm{dist}(\partial D_1, \partial D) > \frac{1}{2}\rho$. 由 (5.4) 和 (5.15) 知

$$a(G_Z, v) = 0, \quad a(\partial_{Z,\ell} G_Z, v) = 0, \quad \forall v \in C_0^\infty(D_1).$$

于是

$$\mathcal{L}G_Z \equiv 0, \quad \mathcal{L}\partial_{Z,\ell} G_Z \equiv 0, \text{ 在} \Omega \setminus \{Z\} \text{内}. \tag{6.3}$$

进一步, 选取 $\mu \in C^\infty(\Omega)$, 使得 $\mathrm{supp}\mu \subset\subset D_1$, 且 $\mu|_D = 1$. 于是 $\mu G_Z \in H^2(D_1) \cap H_0^1(D_1)$. 从而, 由 (6.3) 可得

$$\mathcal{L}(\mu G_Z) = -\sum_{i,j=1}^{3} \partial_j(a_{ij}\partial_i(\mu G_Z)) + a_0\mu G_Z = -\sum_{i,j=1}^{3} \left(\partial_j(a_{ij}G_Z\partial_i\mu) - \partial_j(a_{ij}\mu)\partial_i G_Z\right).$$

因而

$$\|\mathcal{L}(\mu G_Z)\|_{0,D_1} \leqslant C(\rho)\|G_Z\|_{1,D_1}. \tag{6.4}$$

显然 $\mathrm{dist}(Z, \bar{D}_1) > 0$. 由性质 5.4 和 (6.4), 对给定的 $\varepsilon_0 \in \left(\dfrac{1}{3}, \infty\right)$, 有

$$\|\mathcal{L}(\mu G_Z)\|_{0,D_1} \leqslant C(\rho)\|G_Z\|_{1,D_1} \leqslant C(\rho)\|G_Z\|_{1,\tau-\varepsilon_0} \leqslant C(\rho). \tag{6.5}$$

利用定理 1.5 和 (6.5) 可得

$$\|G_Z\|_{2,D} = \|\mu G_Z\|_{2,D} \leqslant \|\mu G_Z\|_{2,D_1} \leqslant C\|\mathcal{L}(\mu G_Z)\|_{0,D_1} \leqslant C(\rho).$$

同理可得 $\|\partial_{Z,\ell}G_Z\|_{2,D} \leqslant C(\rho)$. 引理 6.1 得证.

引理 6.2　假定 $\mu \in C^\infty(\Omega)$, $D_0 \subset \mathrm{supp}\mu \subset\subset D \subset \Omega$, $\mu|_{D_0} = 1$, $\varrho \equiv \mathrm{dist}(\partial D_0, \partial D)$, Π 是标准的 Lagrange 型插值算子, 则对任意的 $v \in S_0^h(\Omega)$, 有

$$\|\hat{v} - \Pi\hat{v}\|_{s,D} \leqslant C(\varrho)h^{1-s}\|v\|_{0,D\setminus D_0}, \tag{6.6}$$

$$\|\hat{v} - \Pi\hat{v}\|_{s,D} \leqslant C(\varrho)h^{m+1-s}\|v\|_{m,D\setminus D_0}^h, \tag{6.7}$$

其中, $\hat{v} = \mu v$, $0 \leqslant s \leqslant m$, $\|v\|_{m,D\setminus D_0}^h = \left(\displaystyle\sum_{e\cap(D\setminus D_0)\neq\varnothing} \|v\|_{m,e}^2\right)^{\frac{1}{2}}$.

证明　记 $N = \{e : e\cap(D\setminus D_0) \neq \varnothing, e \in \mathcal{T}^h\}$. 对任意的 $e \in N$, 当 $Q \in e$ 时,

$$\begin{aligned}
\hat{v}(Q) - \Pi\hat{v}(Q) &= \sum_{k=m+1}^{r} \frac{1}{k!}D^k\hat{v}(Q)\cdot\sum_{i=1}^{n}(-1)^{k+1}(Q-Q_i)^k\phi_i(Q) + R_r(\hat{v}) \\
&= R_0(\hat{v}) + R_r(\hat{v}),
\end{aligned} \tag{6.8}$$

其中 $\{Q_i\}_{i=1}^n$ 是单元 e 的插值节点集, $\{\phi_i\}_{i=1}^n$ 是插值形函数集, $D^k\hat{v}(Q)$ 是 k 阶 Frechet 导数. 此外, $R_r(\hat{v})$ 满足

$$|R_r(\hat{v})|_{s,e} \leqslant Ch^{r+1-s}|\nabla^{r+1}\hat{v}|_{0,e} \leqslant C(\varrho)h^{r+1-s}\|v\|_{r,e} \leqslant C(\varrho)h^{m+1-s}\|v\|_{m,e}, \tag{6.9}$$

这里 $s = 0, 1, \cdots, m$. 显然, 当 $v \in S_0^h(\Omega)$ 时, $R_0(v) = 0$. 于是

$$\nabla^s R_0(\hat{v}) = \nabla^s(R_0(\hat{v}) - \mu R_0(v))$$

$$= \sum_{k=m+1}^{r} \frac{1}{k!} \nabla^s \left[(D^k \hat{v} - \mu D^k v)(Q) \cdot \sum_{i=1}^{n} (-1)^{k+1} (Q - Q_i)^k \phi_i(Q) \right].$$

进一步,

$$|\nabla^s R_0(\hat{v})| \leqslant C \sum_{k=m+1}^{r} \sum_{t=0}^{s} h^{k-s+t} \left| \nabla^t (D^k \hat{v} - \mu D^k v) \right|$$

$$\leqslant C(\varrho) \sum_{k=m+1}^{r} \sum_{t=0}^{s} h^{k-s+t} \sum_{i=0}^{k-1+t} \left| \nabla^i v \right|.$$

由逆估计可得

$$|\nabla^s R_0(\hat{v})|_{0,e} \leqslant C(\varrho) \sum_{k=m+1}^{r} \sum_{t=0}^{s} h^{k-s+t} \|v\|_{k-1+t,e}$$

$$\leqslant C(\varrho) h^{m+1-s} \|v\|_{m,e}. \tag{6.10}$$

利用 (6.8)—(6.10), 有

$$\|\hat{v} - \Pi\hat{v}\|_{s,e} \leqslant C(\varrho) h^{m+1-s} \|v\|_{m,e}. \tag{6.11}$$

注意到 $\|\hat{v} - \Pi\hat{v}\|_{s,D_0} = 0$, 于是 $\|\hat{v} - \Pi\hat{v}\|_{s,D} = \|\hat{v} - \Pi\hat{v}\|_{s,D \setminus D_0}$. 对 (6.11) 单元求和即得结果 (6.7). 对 (6.11) 作逆估计可得

$$\|\hat{v} - \Pi\hat{v}\|_{s,e} \leqslant C(\varrho) h^{1-s} \|v\|_{0,e}. \tag{6.12}$$

同样对 (6.12) 单元求和即得结果 (6.6). 引理 6.2 得证.

引理 6.3 假定 $D \subset\subset D' \subset \Omega$, $\varrho \equiv \mathrm{dist}(\partial D, \partial D')$, $0 < \varepsilon \ll 1$, $\chi \in S_0^h(\Omega)$ 且满足 $a(\chi, v) = 0, \forall v \in S_0^h(D')$, 则当 $q_0 > \frac{3}{2}$ 时,

$$\|\chi\|_{0,\infty,D} \leqslant C(\varrho) \|\chi\|_{0,D'}, \tag{6.13}$$

$$\|\chi\|_{1,\infty,D} \leqslant C(\varrho) h \left| \ln h \right|^r \|\chi\|_{0,D'} + C(\varrho) \|\chi\|_{-1,D'}, \tag{6.14}$$

其中, 当 $3 < q_0 < 6$ 时, $r = \left(\left[\frac{2q_0}{q_0 - 3} \right] + 1 \right) \frac{6 + (3\varepsilon - 1)q_0}{6q_0}$; 当 $q_0 \geqslant 6$ 时, $r = \varepsilon$.

证明 选取 D_1 使得 $D \subset\subset D_1 \subset\subset D'$, $\mathrm{dist}(\partial D_1, \partial D') = \mathrm{dist}(\partial D_1, \partial D) = \frac{1}{2}\varrho$. 令 $\mu \in C^\infty(\Omega)$, 且 $\mathrm{supp}\mu \subset\subset D'$, $\mu|_{D_1} = 1$. 记 $\hat{\chi} = \mu\chi$, 当 $Z \in D_1$ 时, 有

$$\chi(Z) = \hat{\chi}(Z) = \Pi\hat{\chi}(Z) = \Pi\chi(Z). \tag{6.15}$$

对任意的 $Z \in D$, 由离散格林函数和离散导数格林函数的定义及 (6.15) 知

$$\chi(Z) = \Pi\hat{\chi}(Z) = a(G_Z^h, \Pi\hat{\chi}), \quad \partial_\ell\chi(Z) = \partial_\ell\Pi\hat{\chi}(Z) = a(\partial_{Z,\ell}G_Z^h, \Pi\hat{\chi}). \tag{6.16}$$

于是, 结合 (6.7), (6.16) 及三角不等式, 有

$$\begin{aligned}
|\chi(Z)| &= |a(G_Z^h, \Pi\hat{\chi})| = |a(G_Z^h, \Pi\hat{\chi} - \hat{\chi})| + |a(G_Z^h, \hat{\chi})| \\
&\leqslant C\|\Pi\hat{\chi} - \hat{\chi}\|_{1,D'\backslash D_1}\|G_Z^h\|_{1,D'\backslash D_1} + |a(G_Z^h, \hat{\chi})| \\
&\leqslant C(\varrho)h\|\chi\|_{1,D'\backslash D_1}\|G_Z^h\|_{1,D'\backslash D_1} + |a(G_Z^h, \hat{\chi})|.
\end{aligned}$$

此外,

$$\begin{aligned}
a(G_Z^h, \hat{\chi}) &= \int_\Omega \left(\sum_{i,j=1}^3 a_{ij}\partial_i G_Z^h \partial_j\hat{\chi} + a_0 G_Z^h\hat{\chi} \right) dxdydz \\
&= \int_\Omega \left(\sum_{i,j=1}^3 a_{ij}\partial_i(\mu G_Z^h)\partial_j\chi + a_0\mu G_Z^h\chi \right) dxdydz \\
&\quad + \int_\Omega \sum_{i,j=1}^3 (-G_Z^h a_{ij}\partial_i\mu\partial_j\chi + \chi a_{ij}\partial_i G_Z^h\partial_j\mu) dxdydz \\
&= \int_\Omega \left(\sum_{i,j=1}^3 a_{ij}\partial_i(\mu G_Z^h)\partial_j\chi + a_0\mu G_Z^h\chi \right) dxdydz \\
&\quad + \int_\Omega \sum_{i,j=1}^3 (-\partial_j(\chi G_Z^h a_{ij}\partial_i\mu) + \chi\partial_j(G_Z^h a_{ij}\partial_i\mu) + \chi a_{ij}\partial_i G_Z^h\partial_j\mu) dxdydz \\
&= a(\hat{G}_Z^h, \chi) + J,
\end{aligned}$$

这里, $\hat{G}_Z^h = \mu G_Z^h$. 由本引理的条件和结果 (6.7), 可得

$$|a(\hat{G}_Z^h, \chi)| = |a(\hat{G}_Z^h - \Pi\hat{G}_Z^h, \chi)| \leqslant C(\varrho)h\|\chi\|_{1,D'\backslash D_1}\|G_Z^h\|_{1,D'\backslash D_1}.$$

经过上面的论证知

$$|\chi(Z)| \leqslant C(\varrho)h\|\chi\|_{1,D'\backslash D_1}\|G_Z^h\|_{1,D'\backslash D_1} + |J|. \tag{6.17}$$

由于 $\chi \in S_0^h(\Omega)$, 故

$$|J| \leqslant C(\varrho)\|\chi\|_{0,D'\backslash D_1}\|G_Z^h\|_{1,D'\backslash D_1}. \tag{6.18}$$

因为 $\mathrm{dist}(Z, D' \setminus D_1) > 0$, $\|G_Z^h\|_{1,\tau-\epsilon} \leqslant C$ (参见 [109] 中的 (2.5)), 从而可得

$$\|G_Z^h\|_{1,D' \setminus D_1} \leqslant C\|G_Z^h\|_{1,\tau-\epsilon} \leqslant C. \tag{6.19}$$

由 (6.17)—(6.19) 及逆估计, 可得结果 (6.13). 当 $q_0 > 3$ 时, 由 $\|\partial_{Z,\ell} G_Z^h\|_{1,\tau-\alpha} \leqslant C(\alpha)$ (参见 [109] 中的 (2.6)), 类似于上面的论证, 可得

$$|\partial_\ell \chi(Z)| = |a(\partial_{Z,\ell} G_Z^h, \Pi\hat{\chi})| \leqslant C(\varrho)\|\chi\|_{0,D'}. \tag{6.20}$$

事实上, 对任意的 $v \in S_0^h(D_1) \subset S_0^h(D')$, 我们有 $a(\chi, v) = 0$. 选取 $D_{\frac{1}{2}}$ 使得 $D \subset\subset D_{\frac{1}{2}} \subset\subset D_1$, 且 $\mathrm{dist}\left(\partial D_{\frac{1}{2}}, \partial D_1\right) = \mathrm{dist}\left(\partial D_{\frac{1}{2}}, \partial D\right) = \frac{1}{4}\varrho$. 类似于 (6.17) 和 (6.18), 有

$$|\partial_\ell \chi(Z)| = |a(\partial_{Z,\ell} G_Z^h, \Pi\hat{\chi})| \leqslant C(\varrho)h\|\chi\|_{1,D_1\setminus D_{\frac{1}{2}}}\|\partial_{Z,\ell} G_Z^h\|_{1,D_1\setminus D_{\frac{1}{2}}} + |J'|, \tag{6.21}$$

其中 $\hat{\chi} = \mu\chi$, $\mu \in C^\infty(\Omega)$ 满足 $\mathrm{supp}\mu \subset\subset D_1$ 和 $\mu|_{D_{\frac{1}{2}}} = 1$, 且

$$J' = \int_\Omega \chi \sum_{i,j=1}^3 (\partial_j(\partial_{Z,\ell} G_Z^h a_{ij}\partial_i\mu) + a_{ij}\partial_i\partial_{Z,\ell} G_Z^h\partial_j\mu)\, dxdydz.$$

进一步, 有

$$\begin{aligned}
|J'| \leqslant{} & C(\varrho)\|\chi\|_{0,D_1\setminus D_{\frac{1}{2}}}\left\|\partial_{Z,\ell} G_Z - \partial_{Z,\ell} G_Z^h\right\|_{1,D_1\setminus D_{\frac{1}{2}}} \\
& + C(\varrho)\|\chi\|_{-1,D_1\setminus D_{\frac{1}{2}}}\left\|\partial_{Z,\ell} G_Z\right\|_{2,D_1\setminus D_{\frac{1}{2}}}.
\end{aligned} \tag{6.22}$$

而且, 还有[91]

$$\left\|\partial_{Z,\ell} G_Z - \partial_{Z,\ell} G_Z^h\right\|_{1,\tau-\alpha} \leqslant Ch^{\frac{3(\alpha-1)}{2}}|\ln h|^{\frac{4-3\alpha}{6}},$$

这里, 当 $3 < q_0 < 6$ 时, $1 < \alpha < \frac{5}{3} - \frac{2}{q_0}$; 当 $q_0 \geqslant 6$ 时, $1 < \alpha < \frac{4}{3}$. 此外, 由于 $\mathrm{dist}(Z, D_1 \setminus D_{\frac{1}{2}}) > 0$, 可得

$$\begin{aligned}
\left\|\partial_{Z,\ell} G_Z - \partial_{Z,\ell} G_Z^h\right\|_{1,D_1\setminus D_{\frac{1}{2}}} & \leqslant C\left\|\partial_{Z,\ell} G_Z - \partial_{Z,\ell} G_Z^h\right\|_{1,\tau-\alpha} \\
& \leqslant Ch^{\frac{3(\alpha-1)}{2}}|\ln h|^{\frac{4-3\alpha}{6}}.
\end{aligned} \tag{6.23}$$

由 [109] 中的 (2.6), 有

$$\left\|\partial_{Z,\ell} G_Z^h\right\|_{1,D_1\setminus D_{\frac{1}{2}}} \leqslant C\left\|\partial_{Z,\ell} G_Z^h\right\|_{1,\tau-\alpha} \leqslant C(\alpha). \tag{6.24}$$

结合 (6.2) 和 (6.21)—(6.24), 可得

$$|\partial_\ell \chi(Z)| \leqslant C(\varrho) h^{\frac{3(\alpha-1)}{2}} |\ln h|^{\frac{4-3\alpha}{6}} \|\chi\|_{1,D_1 \setminus D_{\frac{1}{2}}} + C(\varrho)\|\chi\|_{-1,D_1 \setminus D_{\frac{1}{2}}}.$$

从而

$$\|\chi\|_{1,\infty,D} \leqslant C(\varrho) h^{k_1} |\ln h|^{k_2} \|\chi\|_{1,D_1} + C(\varrho)\|\chi\|_{-1,D_1}, \tag{6.25}$$

其中, $k_1 = \dfrac{3(\alpha-1)}{2}$, $k_2 = \dfrac{4-3\alpha}{6}$.

选取 $\{D_i\}_{i=2}^s$ 使得 $D \subset\subset D_1 \subset\subset D_2 \subset\subset \cdots \subset\subset D_s = D'$, 且 $\mathrm{dist}(\partial D_i, \partial D_{i+1}) = \dfrac{\varrho}{2(s-1)}$, $i = 1, \cdots, s-1$, 于是

$$\|\chi\|_{1,\infty,D_i} \leqslant C(\varrho) h^{k_1} |\ln h|^{k_2} \|\chi\|_{1,D_{i+1}} + C(\varrho)\|\chi\|_{-1,D_{i+1}}, \quad i = 1, 2, \cdots, s-1. \tag{6.26}$$

利用 (6.25), (6.26) 以及 $\|\chi\|_{1,D_i} \leqslant C \|\chi\|_{1,\infty,D_i}$, 可得

$$\|\chi\|_{1,\infty,D} \leqslant C(\varrho) h^{sk_1} |\ln h|^{sk_2} \|\chi\|_{1,D'} + C(\varrho)\|\chi\|_{-1,D'}. \tag{6.27}$$

当 $3 < q_0 < 6$ 时, $1 < \alpha < \dfrac{5}{3} - \dfrac{2}{q_0}$. 取 $\alpha = \dfrac{5}{3} - \dfrac{2}{q_0} - \varepsilon$, $0 < \varepsilon \ll 1$, 且 $s = \left[\dfrac{2q_0}{q_0-3}\right] + 1$ 使得 $sk_1 > 2$. 由 (6.27) 和逆估计, 可得

$$\|\chi\|_{1,\infty,D} \leqslant C(\varrho) h |\ln h|^r \|\chi\|_{0,D'} + C(\varrho)\|\chi\|_{-1,D'}, \tag{6.28}$$

其中, $r = \left(\left[\dfrac{2q_0}{q_0-3}\right] + 1\right) \dfrac{6 + (3\varepsilon-1)q_0}{6q_0}$.

当 $q_0 \geqslant 6$ 时, $1 < \alpha < \dfrac{4}{3}$. 取 $\alpha = \dfrac{4}{3} - \dfrac{2\varepsilon}{5}$, $0 < \varepsilon \ll 1$, 且 $s = 5$ 使得 $sk_1 > 2$. 再一次由 (6.27) 和逆估计, 可得

$$\|\chi\|_{1,\infty,D} \leqslant C(\varrho) h |\ln h|^t \|\chi\|_{0,D'} + C(\varrho)\|\chi\|_{-1,D'}, \tag{6.29}$$

其中, $t = \varepsilon$. 结合 (6.28) 和 (6.29) 即得结果 (6.14). 引理 6.3 得证.

注 在 (6.25) 和 (6.26) 中, 对于一个适当的 α, 存在一个 $\epsilon > 0$, 使得当 h 适当小时, $k_1 - \epsilon > 0$, 且 $|\ln h|^{k_2} \leqslant h^{-\epsilon}$. 于是, 可以选取 s 使得 $s(k_1 - \epsilon) > 2$, 且当 $q_0 > 3$ 时,

$$\|\chi\|_{1,\infty,D} \leqslant C(\varrho) h \|\chi\|_{0,D'} + C(\varrho)\|\chi\|_{-1,D'}, \tag{6.30}$$

这是比 (6.14) 更好的结果.

引理 6.4 假定 $D \subset\subset D' \subset \Omega$, k 是非负整数, 则

$$\|v\|_{0,D} \leqslant Ch^{-k} \|v\|_{-k,D'}, \quad \forall v \in S_0^h(\Omega). \tag{6.31}$$

证明 令 $D^* = \cup_e \{e : e \cap D \neq \varnothing, \ e \in T^h\}$. 对于单元 $e \subset D^*$, 可以定义如下的负范数

$$\|v\|_{-k,e} = \sup_{\varphi \in C_0^\infty(e)} \frac{|(v,\varphi)_e|}{\|\varphi\|_{k,e}}. \tag{6.32}$$

此外, 还可以定义一个仿射变换

$$F : \tilde{X} \in \tilde{e} \to X = B\tilde{X} + b \in e,$$

其中, $\tilde{e}$ 是一标准单元, $B = (b_{ij})$ 是一 3×3 阶矩阵. 记 $\tilde{\varphi}(\tilde{X}) = \varphi(F(\tilde{X}))$ 和 $\tilde{v}(\tilde{X}) = v(F(\tilde{X}))$. 于是, 下面性质成立[162]

$$|w|_{k,p,e} \leqslant C\|B^{-1}\|^k |\det B|^{\frac{1}{p}} |\tilde{w}|_{k,p,\tilde{e}}, \quad \forall \tilde{w} \in W^{k,p}(\tilde{e}).$$

从而可得

$$|\varphi|_{k,e} \leqslant Ch_e^{\frac{3}{2}-k} |\tilde{\varphi}|_{k,\tilde{e}}. \tag{6.33}$$

由上式知

$$\|\varphi\|_{k,e}^2 = \sum_{i=0}^{k} |\varphi|_{i,e}^2 \leqslant Ch_e^{3-2k} \sum_{i=0}^{k} |\tilde{\varphi}|_{i,\tilde{e}}^2 = Ch_e^{3-2k} \|\tilde{\varphi}\|_{k,\tilde{e}}^2,$$

即

$$\|\varphi\|_{k,e} \leqslant Ch_e^{\frac{3-2k}{2}} \|\tilde{\varphi}\|_{k,\tilde{e}}. \tag{6.34}$$

由负范数的定义 (6.32), 有限维空间的范数等价性及 (6.34), 有

$$\|v\|_{0,e} \leqslant Ch_e^{\frac{3}{2}} \|\tilde{v}\|_{0,\tilde{e}} \leqslant Ch_e^{\frac{3}{2}} \|\tilde{v}\|_{-k,\tilde{e}} \leqslant Ch_e^{\frac{3}{2}} \sup_{\tilde{\varphi} \in C_0^\infty(\tilde{e})} \frac{|(\tilde{v},\tilde{\varphi})_{\tilde{e}}|}{\|\tilde{\varphi}\|_{k,\tilde{e}}}$$

$$\leqslant Ch_e^{\frac{3}{2}-3+\frac{3-2k}{2}} \sup_{\varphi \in C_0^\infty(e)} \frac{|(v,\varphi)_e|}{\|\varphi\|_{k,e}},$$

即

$$\|v\|_{0,e} \leqslant Ch_e^{-k} \|v\|_{-k,e}. \tag{6.35}$$

由于在考虑的剖分下均有 $1 \leqslant \dfrac{h}{h_e} \leqslant C_0$, 结合 (6.35), 可得

$$\|v\|_{0,D^*}^2 = \sum_e \|v\|_{0,e}^2 \leqslant Ch^{-2k} \sum_e \|v\|_{-k,e}^2. \tag{6.36}$$

对每个 $\varepsilon > 0$, 可选取 $\varepsilon_e > 0$, 使得 $\sum\limits_e \varepsilon_e = \varepsilon$, 于是

$$\|v\|_{-k,e}^2 - \varepsilon_e \leqslant |(v, \varphi_e)_e|^2, \quad \varphi_e \in C_0^\infty(e), \quad \|\varphi_e\|_{k,e} = 1. \tag{6.37}$$

记 $\omega = \sum\limits_e (v, \varphi_e)_e \varphi_e \in C_0^\infty(D')$, 那么

$$(v, \omega)_{D'} = \sum_e |(v, \varphi_e)_e|^2. \tag{6.38}$$

结合 (6.36)—(6.38) 得

$$\|v\|_{0,D^*}^2 \leqslant Ch^{-2k}((v, \omega)_{D'} + \varepsilon) \leqslant Ch^{-2k}(\|v\|_{-k,D'} \|\omega\|_{k,D'} + \varepsilon). \tag{6.39}$$

此外,

$$
\begin{aligned}
\|\omega\|_{k,D'}^2 &= \int_{D'} \sum_{0 \leqslant s \leqslant k} \left| \sum_e (v, \varphi_e)_e \nabla^s \varphi_e \right|^2 dX \\
&= \sum_{0 \leqslant s \leqslant k} \int_{D'} \left| \sum_e (v, \varphi_e)_e \nabla^s \varphi_e \right|^2 dX \\
&= \sum_{0 \leqslant s \leqslant k} \sum_e |(v, \varphi_e)_e|^2 \int_e |\nabla^s \varphi_e|^2 \, dX \\
&= \sum_e |(v, \varphi_e)_e|^2 = (v, \omega)_{D'} \leqslant \|v\|_{-k,D'} \|\omega\|_{k,D'},
\end{aligned}
$$

从而

$$\|\omega\|_{k,D'} \leqslant \|v\|_{-k,D'}. \tag{6.40}$$

当 $\varepsilon \to 0$ 时, 由 (6.39) 和 (6.40) 即得

$$\|v\|_{0,D^*} \leqslant Ch^{-k} \|v\|_{-k,D'}.$$

显然, $D \subset D^*$, 于是 $\|v\|_{0,D} \leqslant \|v\|_{0,D^*} \leqslant Ch^{-k} \|v\|_{-k,D'}$. 引理 6.4 得证.

　　引理 6.5　假定 $D \subset\subset D' \subset \Omega$, $\varrho \equiv \mathrm{dist}(\partial D, \partial D')$, D 为 Ω 的内子域或者仅含 Ω 的光滑边界, k 是非负整数, $q_0 > 3$, 算子 $\mathcal{L}$ 中的系数充分光滑, $\chi \in S_0^h(\Omega)$ 且满足 $a(\chi, v) = 0, \forall v \in S_0^h(D')$, 则

$$\|\chi\|_{-k,D} \leqslant C(\varrho)h \|\chi\|_{1,D'} + C(\varrho) \|\chi\|_{-k-1,D'}. \tag{6.41}$$

　　证明　选取 D_1 使得 $D \subset\subset D_1 \subset\subset D'$, $\mathrm{dist}(\partial D_1, \partial D') = \mathrm{dist}(\partial D_1, \partial D) = \dfrac{1}{2}\varrho$.

令 $\mu \in C^{\infty}(\Omega)$ 满足 $\operatorname{supp}\mu \subset\subset D'$ 和 $\mu|_{D_1} = 1$, $\hat{\chi} = \mu\chi$, 则由定理 1.5 得

$$\|\chi\|_{-k,D} \leqslant \|\hat{\chi}\|_{-k,D'} = \sup_{\varphi \in C_0^{\infty}(D')} \frac{|(\varphi, \hat{\chi})_{D'}|}{\|\varphi\|_{k,D'}} \leqslant C \sup_{w \in \mathcal{H}} \frac{|a(w, \hat{\chi})_{D'}|}{\|w\|_{k+2,D'}}, \tag{6.42}$$

其中, $\mathcal{L}w = \varphi$, $w \in \mathcal{H} \equiv H^{k+2}(D') \cap H_0^1(D')$. 类似于引理 6.3 的论证, 结合本引理的条件, 可得

$$a(w, \hat{\chi})_{D'} = a(\hat{w}, \chi)_{D'} + I_{D'} = a(\hat{w} - \Pi\hat{w}, \chi)_{D'} + I_{D'}, \tag{6.43}$$

其中, $\hat{w} = \mu w$,

$$I_{D'} = \int_{D'} \sum_{i,j=1}^{3} (-\partial_j(\chi w a_{ij} \partial_i \mu) + \chi \partial_j(w a_{ij} \partial_i \mu) + \chi a_{ij} \partial_i w \partial_j \mu)\, dx dy dz.$$

因为 $w \in \mathcal{H}$, 所以

$$|I_{D'}| \leqslant C(\varrho) \|\chi\|_{-k-1,D'} \|w\|_{k+2,D'}. \tag{6.44}$$

由 (6.43) 和 (6.44) 知

$$\begin{aligned} |a(w, \hat{\chi})_{D'}| &\leqslant C \|\chi\|_{1,D'} \|\hat{w} - \Pi\hat{w}\|_{1,D'} + C(\varrho) \|\chi\|_{-k-1,D'} \|w\|_{k+2,D'} \\ &\leqslant C(\varrho)h \|\chi\|_{1,D'} \|w\|_{k+2,D'} + C(\varrho) \|\chi\|_{-k-1,D'} \|w\|_{k+2,D'}. \end{aligned} \tag{6.45}$$

结合 (6.42) 和 (6.45) 即可得结果 (6.41). 引理 6.5 得证.

引理 6.6 假定 $D' \subset \Omega$, k 为非负整数, $\partial D'$ 充分光滑, $q_0 > 3$, 算子 $\mathcal{L}$ 中的系数充分光滑, $\chi \in S_0^h(\Omega)$ 且满足 $a(\chi, v) = 0, \forall v \in S_0^h(D')$. 对任意的 D^* 和 D^{**}, $\varrho \equiv \operatorname{dist}(\partial D^*, \partial D^{**})$, 若 $D^* \subset\subset D^{**} \subset\subset D'$, 则

$$\|\chi\|_{1,\infty,D^*} + \|\chi\|_{-k,D^*} \leqslant C(\varrho) \|\chi\|_{-k-1,D^{**}}. \tag{6.46}$$

证明 当 $k = 0$ 时, 选取 $\tilde{D}$ 使得 $D^* \subset\subset \tilde{D} \subset\subset D^{**}$, $\operatorname{dist}(\partial\tilde{D}, \partial D^{**}) = \operatorname{dist}(\partial\tilde{D}, \partial D^*) = \frac{1}{2}\varrho$. 由 (6.30) 和引理 6.4, 可得

$$\|\chi\|_{1,\infty,D^*} \leqslant C(\varrho)h\|\chi\|_{0,\tilde{D}} + C(\varrho)\|\chi\|_{-1,\tilde{D}} \leqslant C(\varrho)\|\chi\|_{-1,D^{**}}. \tag{6.47}$$

由上式, 进一步可得

$$\|\chi\|_{0,D^*} \leqslant \|\chi\|_{1,\infty,D^*} \leqslant C(\varrho)\|\chi\|_{-1,D^{**}}. \tag{6.48}$$

这样, 当 $k = 0$ 时, 结合 (6.47) 和 (6.48) 知结果 (6.46) 成立.

当 $k = t \neq 0$ 时, 假定结果 (6.46) 成立, 即

$$\|\chi\|_{1,\infty,D^*} + \|\chi\|_{-t,D^*} \leqslant C(\varrho)\,\|\chi\|_{-t-1,D^{**}}\,. \tag{6.49}$$

考虑 $k = t + 1$ 时的情形. 选取 $\{D_i\}_{i=0}^{t+2}$ 使得 $D^* \subset\subset \tilde{D} \subset\subset D_0 \subset\subset D_1 \subset\subset D_2 \subset\subset \cdots \subset\subset D_{t+2} \subset\subset D^{**}$, $\mathrm{dist}(\partial\tilde{D}, \partial D_0) = \mathrm{dist}(\partial D_i, \partial D_{i+1}) = \dfrac{\varrho}{2(t+4)}, i = 0, \cdots, t+1$, 由 (6.41) 和 (6.49) 知

$$\|\chi\|_{-t-1,\tilde{D}} \leqslant C(\varrho)h\,\|\chi\|_{1,D_0} + C(\varrho)\,\|\chi\|_{-t-2,D_0}$$

$$\leqslant C(\varrho)h\,\|\chi\|_{1,\infty,D_0} + C(\varrho)\,\|\chi\|_{-t-2,D_0}$$

$$\leqslant C(\varrho)h\,\|\chi\|_{-t-1,D_1} + C(\varrho)\,\|\chi\|_{-t-2,D_1}\,. \tag{6.50}$$

同理

$$\|\chi\|_{-t-1,D_i} \leqslant C(\varrho)h\,\|\chi\|_{-t-1,D_{i+1}} + C(\varrho)\,\|\chi\|_{-t-2,D_{i+1}}, \ i = 1, 2, \cdots, t+1. \tag{6.51}$$

结合 (6.31), (6.50) 和 (6.51) 即得

$$\|\chi\|_{-t-1,\tilde{D}} \leqslant C(\varrho)h^{t+2}\,\|\chi\|_{-t-1,D_{t+2}} + C(\varrho)\,\|\chi\|_{-t-2,D_{t+2}}$$

$$\leqslant C(\varrho)h^{t+2}\,\|\chi\|_{0,D_{t+2}} + C(\varrho)\,\|\chi\|_{-t-2,D_{t+2}}$$

$$\leqslant C(\varrho)\,\|\chi\|_{-t-2,D^{**}}\,. \tag{6.52}$$

此外, 由 (6.49) 和 (6.52) 知

$$\|\chi\|_{1,\infty,D^*} \leqslant C(\varrho)\,\|\chi\|_{-t-1,\tilde{D}} \leqslant C(\varrho)\,\|\chi\|_{-t-2,D^{**}}\,. \tag{6.53}$$

最后, 由 (6.52) 和 (6.53) 可得

$$\|\chi\|_{1,\infty,D^*} + \|\chi\|_{-t-1,D^*} \leqslant C(\varrho)\,\|\chi\|_{-t-2,D^{**}}\,,$$

这说明当 $k = t + 1$ 时, 结果 (6.46) 也成立. 引理 6.6 得证.

引理 6.7　假定 $D \subset\subset D' \subset \Omega$, D 为 Ω 的内子域或者仅含 Ω 的光滑边界, $\partial D'$ 充分光滑, k 为非负整数, $\varrho \equiv \mathrm{dist}(\partial D, \partial D')$, $q_0 > 3$, 算子 $\mathcal{L}$ 中的系数充分光滑, $\chi \in S_0^h(\Omega)$ 且满足 $a(\chi, v) = 0, \forall v \in S_0^h(D')$, 则

$$\|\chi\|_{0,D} \leqslant C(\varrho)\,\|\chi\|_{-k-1,D'}\,, \tag{6.54}$$

$$\|\chi\|_{1,\infty,D} \leqslant C(\varrho)\,\|\chi\|_{-k-1,D'}\,. \tag{6.55}$$

证明 选取 $\{D_i\}_{i=1}^{k+1}$ 使得 $D \subset\subset D_1 \subset\subset D_2 \subset\subset \cdots \subset\subset D_k \subset\subset D_{k+1} = D'$, $\mathrm{dist}(\partial D, \partial D_1) = \mathrm{dist}(\partial D_i, \partial D_{i+1}) = \dfrac{\varrho}{k+1}, i = 1, \cdots, k$, 则由 (6.46) 可得

$$\|\chi\|_{1,\infty,D} \leqslant C(\varrho) \|\chi\|_{-1,D_1} \leqslant C(\varrho) \|\chi\|_{-2,D_2}$$
$$\leqslant C(\varrho) \|\chi\|_{-3,D_3} \leqslant \cdots \leqslant C(\varrho) \|\chi\|_{-k-1,D'},$$

这就是结果 (6.55). 显然

$$\|\chi\|_{0,D} \leqslant \|\chi\|_{1,\infty,D}.$$

结合 (6.55) 即可得到结果 (6.54). 引理 6.7 得证.

定理 6.1 对任意的 $Z \in \bar{\Omega}$, 令 $\mathcal{U}_r = \{X : |X - Z| < r, X \in \Omega\}$, u 和 u_h 分别是问题 (6.1) 的解和 m 次 (或张量积 m 次) 有限元逼近, 则当 $q_0 > 3$, $u \in W^{m+1,\infty}(\mathcal{U}_r) \cap H_0^1(\Omega)$ 时, 有

$$|(u - u_h)(Z)| \leqslant C(r) h^{m+1} |\ln h|^{\frac{2}{3}} \|u\|_{m+1,\infty,\mathcal{U}_r} + C(r) \|u - u_h\|_{-1,\mathcal{U}_r}, \quad (6.56)$$

$$|\nabla(u - u_h)(Z)| \leqslant C(r) h^m \|u\|_{m+1,\infty,\mathcal{U}_r} + C(r) \|u - u_h\|_{-1,\mathcal{U}_r}. \quad (6.57)$$

证明 令 $\mathcal{U}_{r_1} = \left\{X : |X - Z| < \dfrac{r}{4}, X \in \Omega\right\}, \mathcal{U}_{r_2} = \left\{X : |X - Z| < \dfrac{3r}{4}, X \in \Omega\right\}$, 于是, $\mathcal{U}_{r_1} \subset\subset \mathcal{U}_{r_2} \subset\subset \mathcal{U}_r$. 选取 $\mu \in C^\infty(\Omega)$ 且满足 $\mathrm{supp}\mu \subset\subset \mathcal{U}_r$ 和 $\mu|_{\mathcal{U}_{r_2}} = 1$. 记 $\hat{u} = \mu u, \tilde{u} = u - \hat{u}$, 易得 $\tilde{u}|_{\mathcal{U}_{r_2}} = 0$. 在 (3.25) 中, 对任意的 $v \in S_0^h(\Omega)$, 有

$$\|P_h w - v\|_{0,\infty,\Omega} \leqslant C \|w - v\|_{0,\infty,\Omega}.$$

进一步,

$$\|w - P_h w\|_{0,\infty,\Omega} \leqslant \|w - v\|_{0,\infty,\Omega} + \|P_h w - v\|_{0,\infty,\Omega} \leqslant C \|w - v\|_{0,\infty,\Omega}.$$

从而

$$\|w - P_h w\|_{0,\infty,\Omega} \leqslant C \inf_{v \in S_0^h(\Omega)} \|w - v\|_{0,\infty,\Omega}. \quad (6.58)$$

此外, 由 (3.1), (3.22) 和 (3.47), 对于 $v \in S_0^h(\Omega)$, 有

$$|(P_h w - w_h)(Z)| = |a(G_Z^*, w - w_h)| = |a(G_Z^* - G_Z^h, w - v)|$$
$$\leqslant C \|G_Z^* - G_Z^h\|_{1,1,\Omega} \|w - v\|_{1,\infty,\Omega}.$$

于是

$$|(P_h w - w_h)(Z)| \leqslant C \|G_Z^* - G_Z^h\|_{1,1,\Omega} \inf_{v \in S_0^h(\Omega)} \|w - v\|_{1,\infty,\Omega}. \quad (6.59)$$

关于正则格林函数 G_Z^* 和离散格林函数 G_Z^h, 有[81]

$$\left|G_Z^* - G_Z^h\right|_{1,1,\Omega} \leqslant Ch|\ln h|^{\frac{2}{3}}. \tag{6.60}$$

由 (6.58)—(6.60)、三角不等式和 Poincaré 不等式, 可得

$$\begin{aligned}
\|w - w_h\|_{0,\infty,\Omega} &\leqslant \|w - P_h w\|_{0,\infty,\Omega} + \|P_h w - w_h\|_{0,\infty,\Omega} \\
&\leqslant C \inf_{v \in S_0^h(\Omega)} \|w - v\|_{0,\infty,\Omega} + Ch|\ln h|^{\frac{2}{3}} \inf_{v \in S_0^h(\Omega)} \|w - v\|_{1,\infty,\Omega} \\
&\leqslant C \|w - \Pi w\|_{0,\infty,\Omega} + Ch|\ln h|^{\frac{2}{3}} \|w - \Pi w\|_{1,\infty,\Omega},
\end{aligned}$$

其中 Π 是插值算子. 进一步, 由插值误差估计还可得

$$\|w - w_h\|_{0,\infty,\Omega} \leqslant Ch^{m+1}|\ln h|^{\frac{2}{3}} \|w\|_{m+1,\infty,\Omega}. \tag{6.61}$$

关于正则导数格林函数 $\partial_{Z,\ell} G_Z^*$ 和离散导数格林函数 $\partial_{Z,\ell} G_Z^h$, 有[93]

$$\left|\partial_{Z,\ell} G_Z^* - \partial_{Z,\ell} G_Z^h\right|_{1,1,\Omega} \leqslant C. \tag{6.62}$$

利用 (3.2), (3.22), (3.27), (3.69) 和 (6.62), 可得

$$\|w - w_h\|_{1,\infty,\Omega} \leqslant Ch^m \|w\|_{m+1,\infty,\Omega}. \tag{6.63}$$

显然, $\hat{u} \in W^{m+1,\infty}(\Omega)$. 由 (6.61) 和 (6.63) 得

$$\begin{aligned}
\|\hat{u} - \hat{u}_h\|_{0,\infty,\Omega} &\leqslant Ch^{m+1}|\ln h|^{\frac{2}{3}} \|\hat{u}\|_{m+1,\infty,\Omega} \\
&\leqslant Ch^{m+1}|\ln h|^{\frac{2}{3}} \|\hat{u}\|_{m+1,\infty,\mathcal{U}_r} \\
&\leqslant C(r)h^{m+1}|\ln h|^{\frac{2}{3}} \|u\|_{m+1,\infty,\mathcal{U}_r},
\end{aligned} \tag{6.64}$$

$$\begin{aligned}
\|\hat{u} - \hat{u}_h\|_{1,\infty,\Omega} &\leqslant Ch^m \|\hat{u}\|_{m+1,\infty,\Omega} \leqslant Ch^m \|\hat{u}\|_{m+1,\infty,\mathcal{U}_r} \\
&\leqslant C(r)h^m \|u\|_{m+1,\infty,\mathcal{U}_r}.
\end{aligned} \tag{6.65}$$

对于任意的 $v \in S_0^h(\mathcal{U}_{r_2})$, 因为 $\tilde{u}|_{\mathcal{U}_{r_2}} = 0$, 所以有 $a(\tilde{u}, v) = 0$, 从而 $a(\tilde{u}_h, v) = a(\tilde{u}, v) = 0$. 显然, $\tilde{u}|_{\mathcal{U}_{r_1}} = 0$. 令 $\mathcal{U}_{r^*} = \left\{X : |X - Z| < \dfrac{r}{2}, X \in \Omega\right\}$. 于是, $\mathcal{U}_{r_1} \subset\subset \mathcal{U}_{r^*} \subset\subset \mathcal{U}_{r_2}$, 因而

$$a(\tilde{u}_h, v) = 0, \quad \forall v \in S_0^h(\mathcal{U}_{r^*}) \subset S_0^h(\mathcal{U}_{r_2}).$$

结合 (6.30) 和 (6.31) 即得

$$\|\tilde{u} - \tilde{u}_h\|_{1,\infty,\mathcal{U}_{r_1}} = \|\tilde{u}_h\|_{1,\infty,\mathcal{U}_{r_1}} \leqslant C(r)h\|\tilde{u}_h\|_{0,\mathcal{U}_{r^*}} + C(r)\|\tilde{u}_h\|_{-1,\mathcal{U}_{r^*}}$$

$$\leqslant C(r)\,\|\tilde{u}_h\|_{-1,\mathcal{U}_{r_2}} = C(r)\,\|\tilde{u} - \tilde{u}_h\|_{-1,\mathcal{U}_{r_2}}$$
$$\leqslant C(r)\,\|u - u_h\|_{-1,\mathcal{U}_r} + C(r)\,\|\hat{u} - \hat{u}_h\|_{-1,\mathcal{U}_r}. \tag{6.66}$$

而且

$$\|\hat{u} - \hat{u}_h\|_{-1,\mathcal{U}_r} \leqslant \|\hat{u} - \hat{u}_h\|_{-1,\Omega} \leqslant \|\hat{u} - \hat{u}_h\|_{0,\Omega}$$
$$\leqslant Ch^{m+1}\,\|\hat{u}\|_{m+1,\Omega} \leqslant C(r)h^{m+1}\,\|u\|_{m+1,\mathcal{U}_r}. \tag{6.67}$$

由 (6.66) 和 (6.67) 知

$$\|\tilde{u} - \tilde{u}_h\|_{1,\infty,\mathcal{U}_{r_1}} \leqslant C(r)h^{m+1}\,\|u\|_{m+1,\mathcal{U}_r} + C(r)\,\|u - u_h\|_{-1,\mathcal{U}_r}. \tag{6.68}$$

因为 $u = \hat{u} + \tilde{u}$, 由 (6.65) 和 (6.68) 立即得到结果 (6.57). 此外,

$$\|\tilde{u} - \tilde{u}_h\|_{0,\infty,\mathcal{U}_{r_1}} \leqslant \|\tilde{u} - \tilde{u}_h\|_{1,\infty,\mathcal{U}_{r_1}}. \tag{6.69}$$

结合 (6.64), (6.68) 和 (6.69) 即可得结果 (6.56). 定理 6.1 得证.

定理 6.2 对任意的 $Z \in \bar{\Omega}$, 令 $\mathcal{U}_r = \{X : |X - Z| < r, X \in \Omega\}$, $\mathcal{U}_r$ 为 Ω 的内子域或者仅含 Ω 的光滑边界, u 和 u_h 分别是问题 (6.1) 的解和 m 次 (或张量积 m 次) 有限元逼近, k 为非负整数, 算子 $\mathcal{L}$ 中的系数充分光滑, 则当 $q_0 > 3$, $u \in W^{m+1,\infty}(\mathcal{U}_r) \cap H_0^1(\Omega)$ 时, 有

$$|(u - u_h)(Z)| \leqslant C(r)h^{m+1}\,|\ln h|^{\frac{2}{3}}\,\|u\|_{m+1,\infty,\mathcal{U}_r} + C(r)\,\|u - u_h\|_{-k-1,\mathcal{U}_r}, \tag{6.70}$$
$$|\nabla(u - u_h)(Z)| \leqslant C(r)h^m\,\|u\|_{m+1,\infty,\mathcal{U}_r} + C(r)\,\|u - u_h\|_{-k-1,\mathcal{U}_r}. \tag{6.71}$$

注 类似于定理 6.1 的论证, 利用 (6.55), 本定理即可得证.

6.2 局部超收敛估计

我们知道, 整体超收敛估计要求区域剖分相当规整, 对解的光滑性要求也很高, 所以整个区域上的超收敛估计很难做到. 然而, 在区域内部, 这样的要求却容易达到. 基于此, 本节研究区域内部的有限元超收敛估计, 即所谓的局部超收敛估计.

定理 6.3 假定 $D \subset\subset D' \subset \Omega$, u 和 u_h 分别是问题 (6.1) 的解和 m 次 (或张量积 m 次) 有限元逼近, Π_m 为相应的插值算子, $m \geqslant 1$, 并假定形如 (2.17) 的第一型弱估计成立, 则当 $q_0 > 3$, $u \in W^{m+2,\infty}(D') \cap H_0^1(\Omega)$ 时, 有导数的局部超收敛估计

$$|u_h - \Pi_m u|_{1,\infty,D} \leqslant C\left(h^{m+1}\,|\ln h|^{\frac{4}{3}}\,\|u\|_{m+2,\infty,D'} + \|u - u_h\|_{-1,D'}\right). \tag{6.72}$$

特别, 当 D 是 Ω 的内子域或者仅含 Ω 的光滑边界, 且 $\partial D'$ 充分光滑时, 有

$$|u_h - \Pi_m u|_{1,\infty,D} \leqslant C\left(h^{m+1}|\ln h|^{\frac{4}{3}}\|u\|_{m+2,\infty,D'} + \|u - u_h\|_{-k-1,D'}\right), \quad (6.73)$$

其中, k 为非负整数.

证明　选取 D'' 使得 $D \subset\subset D'' \subset\subset D'$, 作函数 $\mu \in C^\infty(\Omega)$, 使得 $\operatorname{supp}\mu \subset\subset D'$, 且 $\mu|_{D''} = 1$. 记 $\tilde{u} = \mu u$, $\bar{u} = u - \tilde{u}$. 于是, 对任意的 $Z \in D$, 由第一型弱估计和离散导数格林函数的估计 (3.85), 有

$$
\begin{aligned}
|\partial_\ell(\tilde{u}_h - \Pi_m\tilde{u})(Z)| &= a(\tilde{u}_h - \Pi_m\tilde{u}, \partial_{Z,\ell}G_Z^h) = a(\tilde{u} - \Pi_m\tilde{u}, \partial_{Z,\ell}G_Z^h) \\
&\leqslant Ch^{m+1}\|\tilde{u}\|_{m+2,\infty,D'}\left|\partial_{Z,\ell}G_Z^h\right|_{1,1} \\
&\leqslant Ch^{m+1}|\ln h|^{\frac{4}{3}}\|u\|_{m+2,\infty,D'}.
\end{aligned}
\quad (6.74)
$$

对任意的 $v \in S_0^h(D'')$, 由于在 D'' 上 $\bar{u} = 0$, 于是, 由 $a(\bar{u}_h - \bar{u}, v) = 0$ 得

$$a(\bar{u}_h, v) = a(\bar{u}, v) = 0.$$

由 (6.30), (6.31) 及上式可得

$$
\begin{aligned}
|\bar{u}_h - \Pi_m\bar{u}|_{1,\infty,D} = |\bar{u}_h|_{1,\infty,D} &\leqslant Ch\|\bar{u}_h\|_{0,D''} + C\|\bar{u}_h\|_{-1,D''} \\
&\leqslant C\|\bar{u}_h\|_{-1,D''} = C\|\bar{u} - \bar{u}_h\|_{-1,D''} \\
&\leqslant C\|u - u_h\|_{-1,D''} + C\|\tilde{u} - \tilde{u}_h\|_{-1,D''}.
\end{aligned}
\quad (6.75)
$$

此外, 显然有

$$\|\tilde{u} - \tilde{u}_h\|_{-1,D''} \leqslant \|\tilde{u} - \tilde{u}_h\|_{0,D''} \leqslant Ch^{m+1}\|\tilde{u}\|_{m+1,D'} \leqslant Ch^{m+1}\|u\|_{m+1,D'}. \quad (6.76)$$

结合 (6.74)—(6.76) 即可得结果 (6.72). 当 D 是 Ω 的内子域或者仅含 Ω 的光滑边界, 且 $\partial D'$ 充分光滑时, 类似于 (6.72) 的论证, 利用引理 6.7 即可证明结果 (6.73). 定理 6.3 得证.

定理 6.3 考虑的是 $m \geqslant 1$ 的情况, 事实上, 当 $m \geqslant 2$ 时, 还可以通过第二型弱估计得到导数和位移的局部超收敛估计.

定理 6.4　假定 $D \subset\subset D' \subset \Omega$, u 和 u_h 分别是问题 (6.1) 的解和 m 次 (或张量积 m 次) 有限元逼近, Π_m 为相应的插值算子, $m \geqslant 2$, 并假定形如 (2.18) 的第二型弱估计成立, 则当 $q_0 > 3$, $u \in W^{m+2,\infty}(D') \cap H_0^1(\Omega)$ 时, 有导数的局部超收敛估计

$$|u_h - \Pi_m u|_{1,\infty,D} \leqslant C\left(h^{m+1}\|u\|_{m+2,\infty,D'} + \|u - u_h\|_{-1,D'}\right). \quad (6.77)$$

特别, 当 D 是 Ω 的内子域或者仅含 Ω 的光滑边界, 且 $\partial D'$ 充分光滑时, 有

$$|u_h - \Pi_m u|_{1,\infty,D} \leqslant C \left(h^{m+1} \|u\|_{m+2,\infty,D'} + \|u - u_h\|_{-k-1,D'} \right), \tag{6.78}$$

其中, k 为非负整数.

证明 由定理 6.3 的论证知, 只需要证明

$$|\tilde{u}_h - \Pi_m \tilde{u}|_{1,\infty,D} \leqslant C h^{m+1} \|u\|_{m+2,\infty,D'}. \tag{6.79}$$

事实上, 对任意的 $Z \in D$, 由第二型弱估计和离散导数格林函数的估计 (3.86), 有

$$\begin{aligned}
|\partial_\ell (\tilde{u}_h - \Pi_m \tilde{u})(Z)| &= a(\tilde{u}_h - \Pi_m \tilde{u}, \partial_{Z,\ell} G_Z^h) = a(\tilde{u} - \Pi_m \tilde{u}, \partial_{Z,\ell} G_Z^h) \\
&\leqslant C h^{m+2} \|\tilde{u}\|_{m+2,\infty,D'} \left| \partial_{Z,\ell} G_Z^h \right|_{2,1}^h \\
&\leqslant C h^{m+1} \|u\|_{m+2,\infty,D'}.
\end{aligned}$$

由上式知 (6.79) 成立. 于是, 结果 (6.77) 成立. 当 D 是 Ω 的内子域或者仅含 Ω 的光滑边界, 且 $\partial D'$ 充分光滑时, 类似于 (6.77) 的论证, 利用引理 6.7 即可证明结果 (6.78). 定理 6.4 得证.

关于位移的收敛性, 也有如下的局部超收敛结果.

定理 6.5 假定 $D \subset\subset D' \subset \Omega$, u 和 u_h 分别是问题 (6.1) 的解和 m 次 (或张量积 m 次) 有限元逼近, Π_m 为相应的插值算子, $m \geqslant 2$, 并假定形如 (2.18) 的第二型弱估计成立, 则当 $q_0 \geqslant 6$, $u \in W^{m+2,\infty}(D') \cap H_0^1(\Omega)$ 时, 有位移的局部超收敛估计

$$|u_h - \Pi_m u|_{0,\infty,D} \leqslant C \left(h^{m+2} |\ln h|^{\frac{2}{3}} \|u\|_{m+2,\infty,D'} + \|u - u_h\|_{-1,D'} \right). \tag{6.80}$$

特别, 当 D 是 Ω 的内子域或者仅含 Ω 的光滑边界, 且 $\partial D'$ 充分光滑时, 有

$$|u_h - \Pi_m u|_{0,\infty,D} \leqslant C \left(h^{m+2} |\ln h|^{\frac{2}{3}} \|u\|_{m+2,\infty,D'} + \|u - u_h\|_{-k-1,D'} \right), \tag{6.81}$$

其中, k 为非负整数.

注 类似于定理 6.3 和定理 6.4 的证明, 结合离散格林函数的估计 (3.64) 即可证明本定理.

参 考 文 献

[1] Adams R A. Sobolev Spaces. New York: Academic Press, 1975.

[2] Aubin T. Nonlinear Analysis on Manifolds Monge-Ampere Equations. Berlin: Springer-Verlag, 1982.

[3] Babuška I, Rheinboldt W C. Estimates for adaptive finite element computations. SIAM J. Numer. Anal., 1978, 15: 736–754.

[4] Babuška I, Strouboulis T. The Finite Element and Its Reliability. London: Oxford University Press, 2001.

[5] Babuška I, Strouboulis T, Upadhyay C S, Gangaray S K. Computer-based proof of existence of superconvergence points in the finite element method; superconvergence of derivatives in finite element solutions of Laplace's, Poisson's and the elasticity equations. Numer. Meth. Part. Diff. Equ., 1996, 12: 347–392.

[6] Babuška I, Miller A. A feedback finite element method with a posteriori error estimation: Part I. The finite element method and some basic properties of a posteriori error estimator. Comput. Methods Appl. Mech. Engrg., 1987, 61: 1–40.

[7] Bank R E, Smith R K. A posteriori error estimates based on hierarchical bases. SIAM J. Numer. Anal., 1993, 30: 921–935.

[8] Bank R E, Weiser A. Some a posteriori error estimators for elliptic partial differential equations. Math. Comp., 1985, 44: 283–301.

[9] Belgacem F B, Maday Y. The mortar element method for three dimensional finite elements. RAIRO Math. Mod. Numer. Anal., 1997, 31: 289–302.

[10] Belgacem F B, Seshaiyer P, Suri M. Optimal convergence rates of hp mortar finite element methods for second-order elliptic problems. RAIRO Math. Mod. Numer. Anal., 2000, 34: 591–608.

[11] Bergh J, Lofstron J. Interpolation Spaces. Grandlehren dei Mathematischen Wissenschaften 223. Berlin: Springer-Verlag, 1970.

[12] Blum H, Lin Q, Rannacher R. Asymptotic error expansion and Richardson extrapolation for linear finite elements. Numer. Math., 1986, 49: 11–37.

[13] Braess D, Dahmen W. Stability estimates of the mortar finite element method for three-dimensional problems. East-West J. Numer. Math., 1998, 6: 249–263.

[14] Bramble J H, Hilbert S R. Estimation of linear functionals on Sobolev spaces with applications to fourier transforms and spline interpolation. SIAM J. Numer. Anal., 1970, 7: 112–124.

[15] Bramble J H, Nitsche J A, Schatz A H. Maximum-norm interior estimates for Ritz-Galerkin methods. Math. Comp., 1975, 29: 677–688.

[16] Brandts J H. Superconvergence and a posteriori error estimation for triangular mixed finite elements. Numer. Math., 1994, 68(3): 311–324.

[17] Brandts J H. Superconvergence of mixed finite element semi-discretizations of two time-dependent problems. Appl. Math., 1999, 44: 43–53.

[18] Brandts J H. Superconvergence for triangular order $k = 1$ Raviart-Thomas mixed finite elements and for triangular standard quadratic finite element methods. Appl. Numer. Anal., 2000, 34: 39–58.

[19] Brandts J H, Křížek M. History and future of superconvergence in three dimensional finite element methods. Proc. Conf. Finite Element Methods: Three-dimensional Problems. GAKUTO Internat. Ser. Math. Sci. Appl., Gakkotosho, Tokyo, 2001, 15: 24–35.

[20] Brandts J H, Křížek M. Superconvergence of tetrahedral quadratic finite elements. J. Comp. Math., 2005, 23(1): 27–36.

[21] Brenner S, Scott R. The Mathematical Theory of Finite Element Methods. Berlin: Springer-Verlag; Beijing: Beijing World Publishing Corporation, 1998.

[22] Bornemann F A, Erdmann B, Kornhuber R. A posteriori error estimates for elliptic problems in two and three space dimensions. SIAM J. Numer. Anal., 1996, 33(3): 1188–1204.

[23] 陈传淼. 四面体线元的应力佳点. 湘潭大学学报, 1980, 3: 16–24.

[24] 陈传淼. 有限元超收敛构造理论. 长沙: 湖南科学技术出版社, 2001.

[25] 陈传淼, 黄云清. 有限元高精度理论. 长沙: 湖南科学技术出版社, 1995.

[26] Chen H T, Zhang Z M, Zou Q S. A recovery based linear finite element method for 1D bi-harmonic problems. J. Sci. Computing, 2016, 68(1): 375–394.

[27] Chen J, Wang D S. Three-dimensional finite element superconvergent gradient recovery on Par6 patterns. Numer. Math. Theor. Meth. Appl., 2010, 3(2): 178–194.

[28] Chen L. Superconvergence of tetrahedral linear finite elements. Internat. J. Numer. Anal. Modeling, 2006, 3(3): 273–282.

[29] Ciarlet P G. The Finite Element Method for Elliptic Problems. Amsterdam: North-Holland, 1978.

[30] Dunlap R D. Superconvergence points in locally uniform finite element meshes for second order two-point boundary value problems. Ph.D. Thesis, Cornell University, 1996.

[31] Dupont T F, Keenan P T. Superconvergence and postprocessing of fluxes from lowest-order mixed methods on triangles and tetrahedra. SIAM J. Sci. Comp., 1998, 19(4): 1322-1332.

[32] Goodsell G. Gradient superconvergence in the finite element method with applications to planar linear elasticity. Ph.D. Thesis, Brunel University, 1988.

[33] Goodsell G. Gradient superconvergence for piecewise linear tetrahedral finite

elements. Technical Report RAL-90-031, Science and Engineering Research Council, Rutherford Appleton Laboratory, 1990.

[34] Goodsell G. Pointwise superconvergence of the gradient for the linear tetrahedral element. Numer. Meth. Part. Diff. Equ., 1994, 10: 651–666.

[35] Goodsell G, Whiteman J R. Superconvergence of recovered gradients of piecewise quadratic finite element approximations. Part I: L^2-error estimates. Numer. Meth. Part. Diff. Equ., 1991, 7: 61–83.

[36] Goodsell G, Whiteman J R. Superconvergence of recovered gradients of piecewise quadratic finite element approximations. Part II: L^∞-error estimates. Numer. Meth. Part. Diff. Equ., 1991, 7: 85–99.

[37] Guan X F, Li M X, He W M. Some superconvergence results of high-degree finite element method for a second order elliptic equation with variable coefficients. Central European J. Math., 2014, 12(11): 1733–1747.

[38] Guo H L, Zhang Z M, Zhao R. Hessian recovery for finite element methods. Math. Comp., 2017, 86(306): 1671–1692.

[39] Grisvard P. Behavior of the solutions of an elliptic boundary value problem in a polygonal or polyhedral domain//Hubbard B, ed. Numerical Solution of Partial Differential Equations III. New York: Academic Press, 1976: 207–274.

[40] Hannukainen A, Korotov S, Křížek M. Nodal $\mathcal{O}(h^4)$-superconvergence in 3D by averaging piecewise linear, bilinear, and trilinear FE approximations. J. Comp. Math., 2010, 28(1): 1–10.

[41] He W M, Guan X F, Cui J Z. The local superconvergence of the trilinear element for the three-dimensional Poisson problem. J. Math. Anal. Appl., 2012, 388: 863–872.

[42] He W M, Zhang Z M. 2k superconvergence of $Q(k)$ finite elements by anisotropic mesh approximation in weighted Sobolev spaces. Math. Comp., 2017, 86(306): 1693–1718.

[43] He W M, Zhang Z M, Zhao R. The highest superconvergence of the tri-linear element for Schrödinger operator with singularity. J. Sci. Computing, 2016, 66(1): 1–18.

[44] He W M, Zhang Z M, Zou Q S. Ultraconvergence of high order FEMs for elliptic problems with variable coefficients. Numerische Mathematik, 2017, 136(1): 215–248.

[45] Jia Y S, Liu J H. Pointwise superconvergence of the displacement of the six dimensional finite element. J. Comp. Anal. Appl., 2017, 22(2): 247–254.

[46] Jia Y S, Liu J H. Weak estimates of the multidimensional finite element and their applications. J. Comp. Anal. Appl., 2017, 22(4): 734–743.

[47] Johnson C. Numerical Solutions of Partial Differetial Equations by the Finite Element Method. Cambridge: Cambridge University Press, 1987.

[48] Kantchev V, Lazarov R D. Superconvergence of the gradient of linear finite elements for 3D Poisson equation. Proc. Conf. Optimal Algorithms, Publ. Bulg. Acad. Sci.,

Sofia, 1986: 172–182.

[49] Kim C, Lazarov R, Pasciak J, Vassilevski P. Multiplier spaces for the mortar finite element method in three dimensions. SIAM J. Numer. Anal., 2001, 39: 519–538.

[50] Křížek M. Superconvergence results for linear triangular elements//Vosmanský J, Zlámal M, ed. Equadiff 6. Lecture Notes in Mathematics 1192. Berlin, Heidelberg: Springer, 1986: 315–320.

[51] Křížek M. Superconvergence phenomena in the finite element methods. Comput. Methods Appl. Mech. Engrg., 1994, 116: 157–163.

[52] Křížek M. High order global accuracy of a weighted averaged gradient of the Courant element on irregular meshes//Křížek M, Neittaanmäki P, Stenberg R, ed. Finite Element Methods: Fifty Years of the Courant Element. New York: Marcel Dekker, 1994: 267-276.

[53] Křížek M, Neittaanmäki P. On superconvergence techniques. Acta Appl. Math., 1987, 9: 175–198.

[54] Křížek M, Neittaanmäki P. On $O(h^4)$-superconvergence of the gradient of piecewise bilinear FE-approximations. Math. Appl. Comp., 1989, 8: 49–60.

[55] Křížek M, Neittaanmäki P. Finite Element Approximation of Variational Problems and Application. New York: John Wiley and Sons, 1990.

[56] Lazarov R D. Superconvergence of the gradient for triangular and tetrahedral finite elements of a solution of linear problems in elasticity theory (in Russian). Computational Processes and System, Nakua Moscow, 1988, 6: 180–191.

[57] Lazarov R D, Pehlivanov A I. Local superconvergence analysis of 3-D linear finite elements for boundary flux calculations//Whiteman J R, ed. The Mathematics of Finite Elements and Applications VII. New York: Academic Press, 1991: 75–83.

[58] Levine N. Superconvergent recovery of the gradient from piecewise linear finite element approximations. IMA J. Numer. Anal., 1985, 5: 407–427.

[59] Li B. Superconvergence for higher-order triangular finite elements. Chinese J. Numer. Math. Appl., 1990, 12: 75–79.

[60] 李波. 高次三角形有限元的超收敛问题. 计算数学, 1989, 4: 413–417.

[61] Li B, Zhang Z M. Analysis of a class of superconvergence patch recovery for linear and bilinear finite elements. Numer. Meth. Part. Diff. Equ., 1999, 15: 151–157.

[62] 李立康, 郭毓陶. 索伯列夫空间引论. 上海: 上海科学技术出版社, 1981.

[63] Lin Q, Lin J F. Finite Element Methods: Accuracy and Improvement. Beijing: Science Press, 2006.

[64] Lin Q, Lü T, Shen S M. Maximum norm estimate, extrapolation and optimal point of stresses for finite element methods on strongly regular triangulation. J. Comp. Math., 1983, 1: 376–383.

[65] Lin Q, Yan N N. A rectangle test in R^3. Proc. of Systems Sci. Syst. Engrg., Great

Wall Culture Publ. Co., Hong Kong, 1991: 242–246.

[66] 林群, 严宁宁. 高效有限元构造与分析. 保定: 河北大学出版社, 1996.

[67] Lin Q, Yan N N. Global superconvergence for Maxwell's equations. Math. Comp., 2000, 69: 159–176.

[68] Lin Q, Yang Y D. Interpolation and correction of finite elements. Math. in Practice and Theory, 1991, 3: 17–28.

[69] Lin Q, Yang Y D. The finite element interpolated correction method for elliptic eigenvalue problems. Math. Numer. Sinica, 1992, 3: 334–338.

[70] Lin Q, Zhu Q D. Asymptotic expansions for the derivative of finite elements. J. Comp. Math., 1984, 4: 361–363.

[71] Lin Q, Zhu Q D. Local asymptotic expansion and extrapolation for finite elements. J. Comp. Math., 1986, 3: 263–265.

[72] 林群, 朱起定. 有限元的预处理和后处理理论. 上海: 上海科学技术出版社, 1994.

[73] 刘经洪. 三维问题有限元方法的超逼近. 长沙: 湖南师范大学博士学位论文, 2004.

[74] Liu J H. Superconvergence analysis of cubic block finite elements of intermediate families. J. Comp. Anal. Appl., 2012, 14(1): 173–180.

[75] Liu J H. Superconvergence of tensor-product quadratic pentahedral elements for variable coefficient elliptic equations. J. Comp. Anal. Appl., 2012, 14(4): 745–751.

[76] Liu J H. Pointwise supercloseness of the displacement for tensor-product quadratic pentahedral finite elements. Appl. Math. Lett., 2012, 25(10): 1458–1463.

[77] Liu J H, Deng Y J, Zhu Q D. High accuracy analysis of tensor-product linear pentahedral finite elements for variable coefficient elliptic equations. J. Syst. Sci. Complexity, 2012, 25(2): 410–416.

[78] Liu J H, Hu G. An estimate for the discrete derivative Green's function for the 4D variable coefficient elliptic equation. J. Comp. Anal. Appl., 2012, 14(1): 165–172.

[79] Liu J H, Hu G, Zhu Q D. Superconvergence of tetrahedral quadratic finite elements for a variable coefficient elliptic equation. Numer. Meth. Part. Diff. Equ., 2013, 29(3): 1043–1055.

[80] Liu J H, Huo X C, Zhu Q D. Pointwise supercloseness of quadratic serendipity block finite elements for a variable coefficient elliptic equation. Numer. Meth. Part. Diff. Equ., 2011, 27(5): 1253–1261.

[81] Liu J H, Jia B, Zhu Q D. An estimate for the three-dimensional discrete Green's function and applications. J. Math. Anal. Appl., 2010, 370(2): 350–363.

[82] Liu J H, Jia Y S. Superconvergence patch recovery for the gradient of the tensor-product linear triangular prism element. Boundary Value Problems, 2014, 1(1): 1–7.

[83] Liu J H, Jia Y S. Pointwise superconvergence patch recovery for the gradient of the linear tetrahedral element. J. Comp. Anal. Appl., 2014, 16(3): 455–460.

[84] Liu J H, Jia Y S. Gradient superconvergence post-processing of the tetrahedral

quadratic finite element. J. Comp. Anal. Appl., 2015, 18(1): 158–165.

[85] Liu J H, Jia Y S. Gradient superconvergence post-processing of the tensor-product quadratic pentahedral finite element. Disc. Cont. Dyna. Syst. Series B, 2015, 20(2): 495–504.

[86] Liu J H, Jia Y S. Five-dimensional discrete Green's function and its estimates. J. Comp. Anal. Appl., 2015, 18(4): 620–627.

[87] Liu J H, Jia Y S. An Estimate for the four-dimensional discrete derivative Green's function and its applications in FE superconvergence. J. Comp. Anal. Appl., 2015, 19(3): 462–469.

[88] Liu J H, Jia Y S. Maximum norm superconvergence of the trilinear block finite element. J. Comp. Anal. Appl., 2017, 22(1): 161–169.

[89] Liu J H, Jia Y S. Estimates for discrete derivative Green's function for elliptic equations in dimensions seven and up. J. Comp. Anal. Appl., 2017, 22(2): 255–261.

[90] Liu J H, Jia Y S. Estimates for the Green's function of 3D elliptic equations. J. Comp. Anal. Appl., 2017, 22(6): 1015–1022.

[91] Liu J H, Jia Y S. 3D Green's function and its finite element error estimates. J. Comp. Anal. Appl., 2017, 22(6): 1114–1123.

[92] Liu J H, Li X P. Pointwise superconvergence of the five-dimensional tensor-product block finite element. Acta Mathematica Scientia. (submitted)

[93] Liu J H, Sun H N, Zhu Q D. Superconvergence of tricubic block finite elements. Science in China Series A-Mathematics, 2009, 52(5): 959–972.

[94] 刘经洪, 孙海娜, 朱起定. 三三次长方体有限元的超收敛. 中国科学: 数学, 2009, 39(5): 633–645.

[95] 刘经洪, 朱起定. 一类积分方程配置解的外推. 湖南文理学院学报 (自然科学版), 2004, 16(3): 1–5.

[96] 刘经洪, 朱起定. 三维离散导数 Green 函数的 $W^{1,1}$ 半范估计. 湖南文理学院学报 (自然科学版), 2004, 16(4): 1–3.

[97] Liu J H, Zhu Q D. Uniform superapproximation of the derivative of tetrahedral quadratic finite element approximation. J. Comp. Math., 2005, 23(1): 75–82.

[98] 刘经洪, 朱起定. 三维投影型插值算子及其等价构造方法. 湖南文理学院学报 (自然科学版), 2005, 17(1): 1–2.

[99] 刘经洪, 朱起定. d 维离散 δ 函数、离散导数 δ 函数和 L^2 投影的几个估计. 湖南理工学院学报 (自然科学版), 2005, 18(1): 1–7.

[100] 刘经洪, 朱起定. 三维离散导数 Green 函数的 $W^{2,1}$ 半范估计. 湖南师范大学自然科学学报, 2005, 28(1): 1–9.

[101] 刘经洪, 朱起定. 基于边界元方法的边值问题数值解的外推. 吉首大学学报 (自然科学版), 2005, 26(2): 1–8.

[102] 刘经洪, 朱起定. 张量积二次长方体有限元梯度最大模的超逼近. 计算数学, 2005, 27(3):

267–276.

[103] 刘经洪, 朱起定. 三维二次有限元梯度最大模的超逼近. 数学物理学报, 2006, 26(3): 458–466.

[104] Liu J H, Zhu Q D. Maximum-norm superapproximation of the gradient for the trilinear block finite elements. Numer. Meth. Part. Diff. Equ., 2007, 23(6): 1501–1508.

[105] Liu J H, Zhu Q D. Pointwise supercloseness of tensor-product block finite elements. Numer. Meth. Part. Diff. Equ., 2009, 25(4): 990–1008.

[106] Liu J H, Zhu Q D. Pointwise supercloseness of pentahedral finite elements. Numer. Meth. Part. Diff. Equ., 2010, 26(6): 1572–1580.

[107] Liu J H, Zhu Q D. The $W^{1,1}$-seminorm estimate for the discrete derivative Green's function for the 5D Poisson equation. J. Comp. Anal. Appl., 2011, 13(6): 1143–1156.

[108] 刘经洪, 朱起定, 贾银锁. 六维线性与张量积 $k(k \neq 1)$ 次有限元的超收敛. 中国科学: 数学, 2015, 45(8): 1337–1344.

[109] Liu J H, Zhu Q D, Jia Y S. Local estimates for three-dimensional finite elements. Disc. Cont. Dyna. Syst. Series B. (to appear)

[110] 刘经洪, 朱起定, 曾金平. d 维问题离散 Green 函数的几个估计. 湖南师范大学自然科学学报, 2005, 28(4): 1–11.

[111] Lu T. Asymptotic expansion and extrapolation for finite element approximation of nonlinear elliptic equations. J. Comp. Math., 1987, 2: 194–199.

[112] Nakao M T. Superconvergence of the gradient of Galerkin approximations for elliptic problems. RAIRO Modél. Math. Anal. Numér., 1987, 21: 679–695.

[113] Naga A, Zhang Z M. A posteriori error estimates based on polynomial preserving recovery. SIAM J. Numer. Anal., 2004, 9: 1780–1800.

[114] Naga A, Zhang Z M. The polynomial preserving recovery for higher order finite element methods in 2D and 3D. Disc. Cont. Dyna. Syst. Series B, 2005, 5: 769–778.

[115] Nitsche J, Schatz A H. Interior estimates for Ritz-Galerkin methods. Math. Comp., 1974, 28: 937–958.

[116] Oganesjan L A, Ruhovets L A. Study of the rate of convergence of variational differece schemes for second-order elliptic equations in a two-dimensional field with a smooth boundary. Ž. Vyčisl. Mat. i Mat. Fiz., 1969, 9: 1102–1120.

[117] Pehlivanov A. Superconvergence of the gradient for quadratic 3D simplex finite elements. Proc. Conf. Numer. Methods and Appl. Publ. Bulgar. Acad. Sci., Sofia, 1989: 362–366.

[118] Pehlivanov A, Carey G F, Kantchev V K. Finite element gradient superconvergence for non-linear elliptic problems. TICAM Report 98-06, University of Texas at Austin, 1998.

[119] Rannacher R, Scott R. Some optimal error estimates for piecewise linear finite

element approximations. Math. Comp., 1982, 38: 437–445.

[120] Schatz A H. A weak discrete maximum principle and stability of the finite element method in L^∞ on plane polygonal domains. Math. Comp., 1980, 34: 77–91.

[121] Schatz A H. Pointwise error estimates, superconvergence and extrapolation. Proc. Conf. Finite Element Methods: Superconvergence, Post-processing, and A Posteriori Estimates. New York: Marcel Dekker, 1998: 237–247.

[122] Schatz A H, Sloan I H, Wahlbin L B. Superconvergence in finite element methods and meshes that are locally symmetric with respect to a point. SIAM J. Numer. Anal., 1996, 33: 505–521.

[123] Schatz A H, Wahlbin L B. Interior maximum norm estimates for finite element methods. Math. Comp., 1977, 31: 414–442.

[124] Schatz A H, Wahlbin L B. Maximum norm estimates in the finite element method on plane polygonal domains. I. Math. Comp., 1978, 32: 73–109.

[125] Schatz A H, Wahlbin L B. Maximum norm estimates in the finite element method on plane polygonal domains. II. Refinements Math. Comp., 1979, 33: 465–492.

[126] Schatz A H, Wahlbin L B. Interior maximum-norm estimates for finite element methods. II. Math. Comp., 1995, 64: 907–928.

[127] Scott R. Optimal L^∞ estimates for the finite element method on irregular meshes. Math. Comp., 1976, 30: 681–697.

[128] Wahlbin L B. Superconvergence in Galerkin Finite Element Methods. Berlin: Springer, 1995.

[129] Wang J P. Superconvergence and extrapolation for mixed finite element methods on rectangular domains. Math. Comp., 1991, 56: 477–503.

[130] Wheeler M F, Whiteman J R. Superconvergent recovery of gradients on subdomains from piecewise linear finite element approximations. Numer. Meth. Part. Diff. Equ., 1987, 3: 65–82.

[131] Whiteman J R, Goodsell G. Superconverget: recovery of stresses from finite element approximations on subdomains for planar problems of linear elasticity//Whiteman J R, ed. The Mathematics of Finite Elements and Applications VI. New York: Academic Press, 1988: 29–53.

[132] Whiteman J R, Goodsell G. Some gradient superconvergence results in the finite element method. Numerical Analysis and parallel Processing. Berlin, Heidelberg: Springer, 1989: 182–260.

[133] Whiteman J R, Goodsell G. A survey of gradient superoonvergence for finite element approximations to second order elliptic problems on triangular and tetrahedral meshes//Whiteman J R, ed. The Mathematics of Finite Elements and Applicalions VII. New York: Academic Press, 1991: 55–74.

[134] 谢干权. 三维弹性有限元. 数学的实践与认识, 1975, 1: 28–41.

[135] 谢锐锋. 凹角域上 Green 函数有限元逼近的逐点估计及有限元外推. 计算数学, 1988, 3: 232–241.

[136] Yan N N. Superconvergence Analysis and A Posteriori Error Estimation in Finite Element Methods. Beijing: Science Press, 2008.

[137] 尹德承. 三维有限元后处理技术. 长沙: 湖南师范大学硕士学位论文, 2011.

[138] Zhang T. The derivative patch interpolating recorvery technique and superconvergence. Numer. Math. Appl., 2001, 2: 1–10.

[139] 张铁. 发展型积分–微分方程的有限元方法. 沈阳: 东北大学出版社, 2001.

[140] 张铁. 间断有限元理论与方法. 北京: 科学出版社, 2012.

[141] Zhang T, Li C J, Nie Y Y, Rao M. A high accurate derivative recovery formula for finite element approximations in one space dimension. Dyna. Cont. Disc. Impul. Syst. Series B, 2003, 4: 755–764.

[142] Zhang T, Li C J, Nie Y Y. Derivative Superconvergence of linear finite elements by recovery techniques. Dyna. Cont. Disc. Impul. Syst. Series A, 2004, 11: 853–862.

[143] Zhang T, Lin Y P, Tait R J. Superapproximation properties of the interpolation operator of projection type and applications. J. Comp. Math., 2002, 20: 277–288.

[144] Zhang T, Lin Y P, Tait R J. The derivative patch interpolating recovery technique for finite element approximations. J. Comp. Math., 2004, 22(1): 113–122.

[145] Zhang T, Yu S. The derivative patch interpolation recovery technique and superconvergence for the discontinuous Galerkin method. Appl. Numer. Math., 2014, 85: 128–141.

[146] Zhang Z M. Ultraconvergence of the patch recovery technique. Math. Comp., 1996, 65: 1431–1437.

[147] Zhang Z M. Derivative superconvergent points in finite element solutions of Poisson's equation for the serendipity and intermediate families-a theoretical justification. Math. Comp., 1998, 67: 541–552.

[148] Zhang Z M. Ultraconvergence of the patch recovery technique II. Math. Comp., 2000, 69: 141–158.

[149] Zhang Z M, Naga A. A new finite element gradient recovery method: superconvergence property. SIAM J. Sci. Comp., 2005, 26: 1192–1213.

[150] Zhang Z M, Victory Jr H D. Mathematical analysis of Zienkiewicz-Zhu's derivative patch recovery technique. Numer. Meth. Part. Diff. Equ., 1996, 12: 507–524.

[151] Zhang Z M, Zhu J Z. Analysis of the superconvergence patch recovery techniques and a posteriori error estimator in the finite element method (I). Comput. Methods Appl. Mech. Engrg, 1995, 123: 173–187.

[152] Zhang Z M, Zhu J Z. Analysis of the superconvergence patch recovery techniques and a posteriori error estimator in the finite element method (II). Comput. Methods Appl. Mech. Engrg, 1998, 163: 159–170.

[153] 朱起定. 二次三角形有限元的导数佳点. 湘潭大学学报, 1981, 4: 36–45.

[154] Zhu Q D. Natural inner superconvergence for the finite element method. Proc. China-France Sympos on the FEM (Beijing, 1982), Science Press, Beijing, and Gordon and Breach, 1983: 935–960.

[155] Zhu Q D. Uniform superconvergence estimates of derivative for the finite element method. Numer. Math. J. Chinese Univ., 1983, 4: 311–318.

[156] 朱起定. 有限元方法的一致超收敛估计. 湘潭大学学报, 1985, 7: 10–26.

[157] Zhu Q D. A review of two different approaches for superconvergence analysis. Appl. Math., 1998, 43: 401–411.

[158] Zhu Q D. A survey of superconvergence techniques in finite element methods.//Finite Element Methods. New York: Marcel Dekker, 1998, 198: 287–302.

[159] 朱起定. 有限元的一个局部超收敛结果. 计算数学, 2002, 24(1): 77–82.

[160] 朱起定. 有限元高精度后处理理论. 北京: 科学出版社, 2008.

[161] 朱起定, 赖军将. 变系数两点边值问题有限元强校正格式. 数学物理学报, 2006, 26(6): 847–857.

[162] 朱起定, 林群. 有限元超收敛理论. 长沙: 湖南科学技术出版社, 1989.

[163] 朱起定, 林群. 有限元渐近准确误差估计和局部超收敛估计. 计算数学, 1993, 2: 219–224.

[164] Zhu Q D, Lin Q. Subconvergence of finite element and a self-adaptive algorithm. J. Comp. Math., 1996, 14(4): 336–344.

[165] Zhu Q D, Liu X Q. Correction for the finite element approximation with non-smooth solution. Beijing Mathematics, 1995, 1(2): 27–30.

[166] 朱起定, 孟令雄. 奇次矩形元导数恢复算子的新构造及其强超收敛性. 中国科学: 数学, 2004, 34(6): 723–731.

[167] Zhu Q D, Meng L X. New construction and ultraconvergence of derivative recovery operator for odd-degree rectangular elements. Science in China Series A: Mathematics, 2004, 47(6): 940–949.

[168] Zhu Q D, Meng L X. The derective ultracongvergence for quadratic triangular finite elements. J. Comp. Math., 2004, 22(6): 857–864.

[169] Zhu Q D, Meng L X, Zhao Q H. Sufficient condition of superconvergence patch derivative recovery operator. Third International Workshop on Scientific Computing and Applications, 2003.

[170] Zhu Q D, Zhao Q H. SPR technique and finite element correction. Numer. Math., 2003, 96: 185–196.

[171] 朱起定, 赵庆华. 有限元超收敛新论 (英文). 数学进展, 2004, 33(4): 453–466.

[172] Zienkiewicz O C, Cheung Y K. The Finite Element Method in Structural and Continuum Mechanics. New York: McGraw-Hill, 1977.

[173] Zienkiewicz O C, Li X K, Nakazawa S. Iterative solution of mixed problems and the

stress recovery procedures. Commun. Appl. Numer. Methods, 1985, 1: 3–9.

[174] Zienkiewicz O C, Zhu J Z. The superconvergence patch recovery and a posteriori error estimates. Part 1: The recovery techniques. Internat. J. Numer. Meth. Engrg, 1992, 33: 1331–1364.

[175] Zienkiewicz O C, Zhu J Z. The superconvergence patch recovery and a posteriori error estimates. Part 2: Error estimates and adaptivity. Internat. J. Numer. Meth. Engrg, 1992, 33: 1365–1382.

[176] Zienkiewicz O C, Zhu J Z. The superconvergence patch recorery (SPR) and adaptive finite element refinement. Comput. Methods Appl. Mech. Engrg., 1992, 101: 207–224.

[177] Zienkiewicz O C, Zhu J Z. Superconvergence and the superconvergent patch recovery. Finite Elem. Anal. Design, 1995, 19(1-2): 11–23.

[178] Zienkiewicz O C, Zhu J Z, Wu J. Superconvergence patch recovery techniques-some further tests. Commun. Numer. Math. Meth. Engrg., 1993, 9: 251–258.

[179] Zlámal M. Some superconvergence results in the finite element method. In Mathematical aspects of finite element methods.//Mathematical Aspects of Finite Element Methods. Berlin: Springer, 1977: 353–362.

[180] Zlámal M. Superconvergence and reduced integration in the finite element method. Math. Comp., 1978, 32: 663–685.

附录 (2.126) 的证明

事实上, 由于 $P_3 = P_2 \oplus \{x^3, y^3, z^3, x^2y, xy^2, x^2z, xz^2, y^2z, yz^2, xyz\}$, 结合 R_1 的表达式知, 当 $u \in P_2$ 时, $g(u) = 0$, 于是只需要验证当 χ 是 G 上的三次单项式时, 有 $g(\chi) = 0$ 即可.

不失一般性, 在图 2.2 中, 以节点 P_7 为坐标原点, 向量 $\overrightarrow{P_7P_8}, \overrightarrow{P_7P_{12}}, \overrightarrow{P_7P_3}$ 的方向分别为 x, y, z 三个坐标轴的正方向建立空间直角坐标系, 于是可得各插值节点坐标如下:

顶点坐标:

$$P_1(h, h, h), \quad P_2(0, 0, 2h), \quad P_3(0, 0, h), \quad P_4(h, 0, h), \quad P_6(h, h, 0), \quad P_8(h, 0, 0);$$

边中点坐标:

$$P_{1-2}\left(\frac{h}{2}, \frac{h}{2}, \frac{3h}{2}\right), \quad P_{1-3}\left(\frac{h}{2}, \frac{h}{2}, h\right), \quad P_{1-4}\left(h, \frac{h}{2}, h\right), \quad P_{1-6}\left(h, h, \frac{h}{2}\right),$$

$$P_{2-3}\left(0, 0, \frac{3h}{2}\right), \quad P_{2-4}\left(\frac{h}{2}, 0, \frac{3h}{2}\right), \quad P_{3-4}\left(\frac{h}{2}, 0, h\right), \quad P_{3-6}\left(\frac{h}{2}, \frac{h}{2}, \frac{h}{2}\right),$$

$$P_{3-8}\left(\frac{h}{2}, 0, \frac{h}{2}\right), \quad P_{4-6}\left(h, \frac{h}{2}, \frac{h}{2}\right), \quad P_{4-8}\left(h, 0, \frac{h}{2}\right), \quad P_{6-8}\left(h, \frac{h}{2}, 0\right).$$

在此坐标系下, e_1 上的点 $P(x, y, z)$ 的体积坐标为

$$\lambda_1 = h^{-1}y, \quad \lambda_2 = h^{-1}z - 1, \quad \lambda_3 = 2 - h^{-1}(x + z), \quad \lambda_4 = h^{-1}(x - y). \tag{1}$$

从而, e_1 上的二次 Lagrange 插值形函数为

$$\phi_1(P) = \lambda_1(2\lambda_1 - 1), \qquad \phi_2(P) = \lambda_2(2\lambda_2 - 1),$$
$$\phi_3(P) = \lambda_3(2\lambda_3 - 1), \qquad \phi_4(P) = \lambda_4(2\lambda_4 - 1),$$
$$\phi_{1-2}(P) = 4\lambda_1\lambda_2, \qquad \phi_{1-3}(P) = 4\lambda_1\lambda_3,$$
$$\phi_{1-4}(P) = 4\lambda_1\lambda_4, \qquad \phi_{2-3}(P) = 4\lambda_2\lambda_3,$$
$$\phi_{2-4}(P) = 4\lambda_2\lambda_4, \qquad \phi_{3-4}(P) = 4\lambda_3\lambda_4.$$

将上面的形函数对 z 求导可得

$$\partial_z\phi_2 = h^{-1}(4\lambda_2 - 1), \qquad \partial_z\phi_3 = h^{-1}(1 - 4\lambda_3),$$
$$\partial_z\phi_{1-2} = 4h^{-1}\lambda_1, \qquad \partial_z\phi_{1-3} = -4h^{-1}\lambda_1, \qquad \partial_z\phi_{2-3} = 4h^{-1}(\lambda_3 - \lambda_2),$$
$$\partial_z\phi_{2-4} = 4h^{-1}\lambda_4, \qquad \partial_z\phi_{3-4} = -4h^{-1}\lambda_4, \qquad \partial_z\phi_1 = \partial_z\phi_4 = \partial_z\phi_{1-4} = 0.$$

$$\tag{2}$$

设 $\mu_1(P), \mu_3(P), \mu_4(P), \mu_6(P)$ 为 e_3 上的点 $P = (x, y, z)$ 的体积坐标, 易知

$$\mu_1 = h^{-1}(y+z) - 1, \quad \mu_3 = 1 - h^{-1}x, \quad \mu_4 = h^{-1}(x-y), \quad \mu_6 = 1 - h^{-1}z. \tag{3}$$

于是, e_3 上的二次 Lagrange 插值形函数为

$$\begin{aligned}
\varphi_1(P) &= \mu_1(2\mu_1 - 1), & \varphi_3(P) &= \mu_3(2\mu_3 - 1), \\
\varphi_4(P) &= \mu_4(2\mu_4 - 1), & \varphi_6(P) &= \mu_6(2\mu_6 - 1), \\
\varphi_{1-3}(P) &= 4\mu_1\mu_3, & \varphi_{1-4}(P) &= 4\mu_1\mu_4, \\
\varphi_{1-6}(P) &= 4\mu_1\mu_6, & \varphi_{3-4}(P) &= 4\mu_3\mu_4, \\
\varphi_{3-6}(P) &= 4\mu_3\mu_6, & \varphi_{4-6}(P) &= 4\mu_4\mu_6.
\end{aligned}$$

进而可得

$$\begin{aligned}
\partial_z\varphi_1 &= h^{-1}(4\mu_1 - 1), & \partial_z\varphi_6 &= h^{-1}(1 - 4\mu_6), \\
\partial_z\varphi_{1-3} &= 4h^{-1}\mu_3, & \partial_z\varphi_{1-4} &= 4h^{-1}\mu_4, & \partial_z\varphi_{1-6} &= 4h^{-1}(\mu_6 - \mu_1), \\
\partial_z\varphi_{3-6} &= -4h^{-1}\mu_3, & \partial_z\varphi_{4-6} &= -4h^{-1}\mu_4, & \partial_z\varphi_3 &= \partial_z\varphi_4 = \partial_z\varphi_{3-4} = 0.
\end{aligned} \tag{4}$$

类似地, 可以假设 $\gamma_3(P), \gamma_4(P), \gamma_6(P), \gamma_8(P)$ 为 e_4 上的点 $P = (x, y, z)$ 的体积坐标, 而 $\psi_3(P), \psi_4(P), \psi_6(P), \psi_8(P), \psi_{3-4}(P), \psi_{3-6}(P), \psi_{3-8}(P), \psi_{4-6}(P), \psi_{4-8}(P), \psi_{6-8}(P)$ 为 e_4 上的二次 Lagrange 插值形函数, 于是

$$\gamma_3 = 1 - h^{-1}x, \quad \gamma_4 = h^{-1}(x+z) - 1, \quad \gamma_6 = h^{-1}y, \quad \gamma_8 = 1 - h^{-1}(y+z), \tag{5}$$

且

$$\begin{aligned}
\partial_z\psi_4 &= h^{-1}(4\gamma_4 - 1), & \partial_z\psi_8 &= h^{-1}(1 - 4\gamma_8), \\
\partial_z\psi_{3-4} &= 4h^{-1}\gamma_3, & \partial_z\psi_{3-8} &= -4h^{-1}\gamma_3, & \partial_z\psi_{4-8} &= 4h^{-1}(\gamma_8 - \gamma_4), \\
\partial_z\psi_{4-6} &= 4h^{-1}\gamma_6, & \partial_z\psi_{6-8} &= -4h^{-1}\gamma_6, & \partial_z\psi_3 &= \partial_z\psi_6 = \partial_z\psi_{3-6} = 0.
\end{aligned} \tag{6}$$

由 R_1 的表达式 (2.119) 知, 当 $u \in P_3(e_1)$ 时,

$$\partial_z R_1 = \frac{1}{6} D^3 u(P) \cdot \sum_{s \in J_1} (P - P_s)^3 \partial_z \phi_s(P). \tag{7}$$

类似可得, 当 $u \in P_3(e_3)$ 时,

$$\partial_z R_1 = \frac{1}{6} D^3 u(P) \cdot \sum_{s \in J_3} (P - P_s)^3 \partial_z \varphi_s(P). \tag{8}$$

当 $u \in P_3(e_4)$ 时,

$$\partial_z R_1 = \frac{1}{6} D^3 u(P) \cdot \sum_{s \in J_4} (P - P_s)^3 \partial_z \psi_s(P). \tag{9}$$

记 (2.125) 中右边的积分为 $I(u)$, 即

$$I(u) = \int_G \partial_z R_1 \, dV = \left(\int_{E_1} + \int_{E_3} + \int_{E_4} \right) \partial_z R_1 \, dV = I_1 + I_3 + I_4. \tag{10}$$

1. 当 $u = \chi = z^3$ 时,

$$I_1 = \int_{e_1} \frac{1}{6} D^3 z^3 \cdot \sum_{s \in J_1} (P - P_s)^3 \partial_z \phi_s(P) \, dV = \int_{e_1} \sum_{s \in J_1} (z - z_s)^3 \partial_z \phi_s(P) \, dV. \tag{11}$$

由 (1) 和 (2) 知

$$\sum_{s \in J_1} (z - z_s)^3 \partial_z \phi_s(P) = (z - 2h)^3 h^{-1}(4\lambda_2 - 1) + (z - h)^3 h^{-1}(1 - 4\lambda_3)$$

$$+ \left(z - \frac{3h}{2} \right)^3 4h^{-1}\lambda_1 + (z - h)^3 (-4h^{-1}\lambda_1)$$

$$+ \left(z - \frac{3h}{2} \right)^3 4h^{-1}(\lambda_3 - \lambda_2) + \left(z - \frac{3h}{2} \right)^3 4h^{-1}\lambda_4$$

$$+ (z - h)^3 (-4h^{-1}\lambda_4)$$

$$= 3z^2 - 9hz + \frac{13}{2}h^2.$$

于是

$$I_1 = \int_{e_1} \left(3z^2 - 9hz + \frac{13}{2}h^2 \right) dV = \frac{h^5}{120}. \tag{12}$$

此外,

$$I_3 = \int_{e_3} \frac{1}{6} D^3 z^3 \cdot \sum_{s \in J_3} (P - P_s)^3 \partial_z \varphi_s(P) \, dV = \int_{e_3} \sum_{s \in J_3} (z - z_s)^3 \partial_z \varphi_s(P) \, dV. \tag{13}$$

由 (3) 和 (4) 知

$$\sum_{s \in J_3} (z - z_s)^3 \partial_z \varphi_s(P) = (z - h)^3 h^{-1}(4\mu_1 - 1) + z^3 h^{-1}(1 - 4\mu_6)$$

$$+ (z - h)^3 4h^{-1}\mu_3 + (z - h)^3 4h^{-1}\mu_4$$

$$+ \left(z - \frac{h}{2} \right)^3 4h^{-1}(\mu_6 - \mu_1) + \left(z - \frac{h}{2} \right)^3 (-4h^{-1}\mu_3)$$

$$+ \left(z - \frac{h}{2} \right)^3 (-4h^{-1}\mu_4)$$

$$= 3z^2 - 3hz + \frac{1}{2}h^2.$$

于是

$$I_3 = \int_{e_3} \left(3z^2 - 3hz + \frac{1}{2}h^2 \right) dV = \frac{h^5}{120}. \tag{14}$$

最后

$$I_4 = \int_{e_4} \frac{1}{6} D^3 z^3 \cdot \sum_{s \in J_4} (P - P_s)^3 \partial_z \psi_s(P) \, dV = \int_{e_4} \sum_{s \in J_4} (z - z_s)^3 \partial_z \psi_s(P) \, dV. \tag{15}$$

由 (5) 和 (6) 知

$$\begin{aligned}
\sum_{s \in J_4} (z - z_s)^3 \partial_z \psi_s(P) &= (z-h)^3 h^{-1}(4\gamma_4 - 1) + z^3 h^{-1}(1 - 4\gamma_8) \\
&\quad + (z-h)^3 4h^{-1}\gamma_3 + \left(z - \frac{h}{2} \right)^3 (-4h^{-1}\gamma_3) \\
&\quad + \left(z - \frac{h}{2} \right)^3 4h^{-1}(\gamma_8 - \gamma_4) + \left(z - \frac{h}{2} \right)^3 4h^{-1}\gamma_6 \\
&\quad + z^3 \left(-4h^{-1}\gamma_6 \right) \\
&= 3z^2 - 3hz + \frac{1}{2}h^2.
\end{aligned}$$

于是

$$I_4 = \int_{e_4} \left(3z^2 - 3hz + \frac{1}{2}h^2 \right) dV = -\frac{h^5}{60}. \tag{16}$$

由 (10), (12), (14) 和 (16) 可得 $I(z^3) = 0$, 即 $g(z^3) = 0$.

2. 当 $u = \chi = xyz$ 时,

$$I_1 = \int_{e_1} \frac{1}{6} D^3(xyz) \cdot \sum_{s \in J_1} (P - P_s)^3 \partial_z \phi_s(P) \, dV,$$

显然,

$$I_1 = \frac{1}{6} \int_{e_1} \sum_{s \in J_1} (x - x_s)(y - y_s)(z - z_s) \partial_z \phi_s(P) \, dV. \tag{17}$$

由 (1) 和 (2) 知

$$\begin{aligned}
&\sum_{s \in J_1} (x - x_s)(y - y_s)(z - z_s) \partial_z \phi_s(P) \\
&= xy(z - 2h)h^{-1}(4\lambda_2 - 1) + xy(z - h)h^{-1}(1 - 4\lambda_3) \\
&\quad + \left(x - \frac{h}{2} \right) \left(y - \frac{h}{2} \right) \left(z - \frac{3h}{2} \right) 4h^{-1}\lambda_1 + \left(x - \frac{h}{2} \right) \left(y - \frac{h}{2} \right) (z - h)(-4h^{-1}\lambda_1)
\end{aligned}$$

$$+xy\left(z-\frac{3h}{2}\right)4h^{-1}(\lambda_3-\lambda_2)+\left(x-\frac{h}{2}\right)y\left(z-\frac{3h}{2}\right)4h^{-1}\lambda_4$$

$$+\left(x-\frac{h}{2}\right)y(z-h)(-4h^{-1}\lambda_4)$$

$$=xy-\frac{1}{2}hy.$$

于是

$$I_1=\frac{1}{6}\int_{e_1}\left(xy-\frac{1}{2}hy\right)dV=\frac{h^5}{1440}. \tag{18}$$

此外,

$$I_3=\int_{e_3}\frac{1}{6}D^3(xyz)\cdot\sum_{s\in J_3}(P-P_s)^3\partial_z\varphi_s(P)\,dV,$$

即

$$I_3=\frac{1}{6}\int_{e_3}\sum_{s\in J_3}(x-x_s)(y-y_s)(z-z_s)\partial_z\varphi_s(P)\,dV. \tag{19}$$

由 (3) 和 (4) 知

$$\sum_{s\in J_3}(x-x_s)(y-y_s)(z-z_s)\partial_z\varphi_s(P)$$

$$=(x-h)(y-h)(z-h)h^{-1}(4\mu_1-1)+(x-h)(y-h)zh^{-1}(1-4\mu_6)$$

$$+\left(x-\frac{h}{2}\right)\left(y-\frac{h}{2}\right)(z-h)4h^{-1}\mu_3+(x-h)\left(y-\frac{h}{2}\right)(z-h)4h^{-1}\mu_4$$

$$+(x-h)(y-h)\left(z-\frac{h}{2}\right)4h^{-1}(\mu_6-\mu_1)+\left(x-\frac{h}{2}\right)\left(y-\frac{h}{2}\right)\left(z-\frac{h}{2}\right)(-4h^{-1}\mu_3)$$

$$+(x-h)\left(y-\frac{h}{2}\right)\left(z-\frac{h}{2}\right)(-4h^{-1}\mu_4)$$

$$=xy-\frac{1}{2}hx-hy+\frac{1}{2}h^2.$$

于是

$$I_3=\frac{1}{6}\int_{e_3}\left(xy-\frac{1}{2}hx-hy+\frac{1}{2}h^2\right)dV=\frac{h^5}{1440}. \tag{20}$$

最后

$$I_4=\int_{e_4}\frac{1}{6}D^3(xyz)\cdot\sum_{s\in J_4}(P-P_s)^3\partial_z\psi_s(P)\,dV,$$

即

$$I_4=\frac{1}{6}\int_{e_4}\sum_{s\in J_4}(x-x_s)(y-y_s)(z-z_s)\partial_z\psi_s(P)\,dV. \tag{21}$$

由 (5) 和 (6) 知

$$\sum_{s \in J_4} (x - x_s)(y - y_s)(z - z_s)\partial_z \psi_s(P)$$

$$= (x - h)y(z - h)h^{-1}(4\gamma_4 - 1) + (x - h)yzh^{-1}(1 - 4\gamma_8)$$

$$+ \left(x - \frac{h}{2}\right)y(z - h)4h^{-1}\gamma_3 + \left(x - \frac{h}{2}\right)y\left(z - \frac{h}{2}\right)(-4h^{-1}\gamma_3)$$

$$+ (x - h)y\left(z - \frac{h}{2}\right)4h^{-1}(\gamma_8 - \gamma_4) + (x - h)\left(y - \frac{h}{2}\right)\left(z - \frac{h}{2}\right)4h^{-1}\gamma_6$$

$$+ (x - h)\left(y - \frac{h}{2}\right)z(-4h^{-1}\gamma_6)$$

$$= xy - hy.$$

于是

$$I_4 = \frac{1}{6}\int_{e_4} (xy - hy)\, dV = -\frac{h^5}{720}. \tag{22}$$

由 (10), (18), (20) 和 (22) 可得 $I(xyz) = 0$, 即 $g(xyz) = 0$.

3. 当 $u = \chi = x^2 z$ 时,

$$I_1 = \int_{e_1} \frac{1}{6} D^3(x^2 z) \cdot \sum_{s \in J_1} (P - P_s)^3 \partial_z \phi_s(P)\, dV,$$

即

$$I_1 = \frac{1}{3}\int_{e_1} \sum_{s \in J_1} (x - x_s)^2(z - z_s)\partial_z \phi_s(P)\, dV. \tag{23}$$

由 (1) 和 (2) 知

$$\sum_{s \in J_1} (x - x_s)^2(z - z_s)\partial_z \phi_s(P)$$

$$= x^2(z - 2h)h^{-1}(4\lambda_2 - 1) + x^2(z - h)h^{-1}(1 - 4\lambda_3)$$

$$+ \left(x - \frac{h}{2}\right)^2\left(z - \frac{3h}{2}\right)4h^{-1}\lambda_1 + \left(x - \frac{h}{2}\right)^2(z - h)(-4h^{-1}\lambda_1)$$

$$+ x^2\left(z - \frac{3h}{2}\right)4h^{-1}(\lambda_3 - \lambda_2) + \left(x - \frac{h}{2}\right)^2\left(z - \frac{3h}{2}\right)4h^{-1}\lambda_4$$

$$+ \left(x - \frac{h}{2}\right)^2(z - h)(-4h^{-1}\lambda_4)$$

$$= x^2 - \frac{1}{2}hx.$$

于是

$$I_1 = \frac{1}{3} \int_{e_1} \left(x^2 - \frac{1}{2}hx \right) dV = \frac{h^5}{360}. \tag{24}$$

此外,

$$I_3 = \int_{e_3} \frac{1}{6} D^3(x^2 z) \cdot \sum_{s \in J_3} (P - P_s)^3 \partial_z \varphi_s(P) \, dV,$$

即

$$I_3 = \frac{1}{3} \int_{e_3} \sum_{s \in J_3} (x - x_s)^2 (z - z_s) \partial_z \varphi_s(P) \, dV. \tag{25}$$

由 (3) 和 (4) 知

$$\sum_{s \in J_3} (x - x_s)^2 (z - z_s) \partial_z \varphi_s(P)$$
$$= (x-h)^2 (z-h) h^{-1}(4\mu_1 - 1) + (x-h)^2 z h^{-1}(1 - 4\mu_6)$$
$$+ \left(x - \frac{h}{2} \right)^2 (z-h) 4h^{-1} \mu_3 + (x-h)^2 (z-h) 4h^{-1} \mu_4$$
$$+ (x-h)^2 \left(z - \frac{h}{2} \right) 4h^{-1}(\mu_6 - \mu_1) + \left(x - \frac{h}{2} \right)^2 \left(z - \frac{h}{2} \right) (-4h^{-1}\mu_3)$$
$$+ (x-h)^2 \left(z - \frac{h}{2} \right) (-4h^{-1}\mu_4)$$
$$= x^2 - \frac{3}{2}hx + \frac{1}{2}h^2.$$

于是

$$I_3 = \frac{1}{3} \int_{e_3} \left(x^2 - \frac{3}{2}hx + \frac{1}{2}h^2 \right) dV = -\frac{h^5}{720}. \tag{26}$$

最后

$$I_4 = \int_{e_4} \frac{1}{6} D^3(x^2 z) \cdot \sum_{s \in J_4} (P - P_s)^3 \partial_z \psi_s(P) \, dV,$$

即

$$I_4 = \frac{1}{3} \int_{e_4} \sum_{s \in J_4} (x - x_s)^2 (z - z_s) \partial_z \psi_s(P) \, dV. \tag{27}$$

由 (5) 和 (6) 知

$$\sum_{s \in J_4} (x - x_s)^2 (z - z_s) \partial_z \psi_s(P)$$

$$= (x-h)^2(z-h)h^{-1}(4\gamma_4-1) + (x-h)^2 zh^{-1}(1-4\gamma_8)$$

$$+ \left(x-\frac{h}{2}\right)^2 (z-h)4h^{-1}\gamma_3 + \left(x-\frac{h}{2}\right)^2 \left(z-\frac{h}{2}\right)(-4h^{-1}\gamma_3)$$

$$+ (x-h)^2 \left(z-\frac{h}{2}\right)4h^{-1}(\gamma_8-\gamma_4) + (x-h)^2 \left(z-\frac{h}{2}\right)4h^{-1}\gamma_6$$

$$+ (x-h)^2 z(-4h^{-1}\gamma_6)$$

$$= x^2 - \frac{3}{2}hx + \frac{1}{2}h^2.$$

于是

$$I_4 = \frac{1}{3}\int_{e_4}\left(x^2-\frac{3}{2}hx+\frac{1}{2}h^2\right)dV = -\frac{h^5}{720}. \tag{28}$$

由 (10), (24), (26) 和 (28) 可得 $I(x^2 z)=0$, 即 $g(x^2 z)=0$.

4. 当 $u=\chi=xz^2$ 时,

$$I_1 = \int_{e_1}\frac{1}{6}D^3(xz^2)\cdot\sum_{s\in J_1}(P-P_s)^3\partial_z\phi_s(P)\,dV,$$

即

$$I_1 = \frac{1}{3}\int_{e_1}\sum_{s\in J_1}(x-x_s)(z-z_s)^2\partial_z\phi_s(P)\,dV. \tag{29}$$

由 (1) 和 (2) 知

$$\sum_{s\in J_1}(x-x_s)(z-z_s)^2\partial_z\phi_s(P)$$

$$= x(z-2h)^2 h^{-1}(4\lambda_2-1) + x(z-h)^2 h^{-1}(1-4\lambda_3)$$

$$+ \left(x-\frac{h}{2}\right)\left(z-\frac{3h}{2}\right)^2 4h^{-1}\lambda_1 + \left(x-\frac{h}{2}\right)(z-h)^2(-4h^{-1}\lambda_1)$$

$$+ x\left(z-\frac{3h}{2}\right)^2 4h^{-1}(\lambda_3-\lambda_2) + \left(x-\frac{h}{2}\right)\left(z-\frac{3h}{2}\right)^2 4h^{-1}\lambda_4$$

$$+ \left(x-\frac{h}{2}\right)(z-h)^2(-4h^{-1}\lambda_4)$$

$$= 2xz - \frac{5}{2}hx.$$

于是

$$I_1 = \frac{1}{3}\int_{e_1}\left(2xz-\frac{5}{2}hx\right)dV = -\frac{h^5}{360}. \tag{30}$$

此外,

$$I_3 = \int_{e_3} \frac{1}{6} D^3(xz^2) \cdot \sum_{s \in J_3} (P - P_s)^3 \partial_z \varphi_s(P) \, dV,$$

即

$$I_3 = \frac{1}{3} \int_{e_3} \sum_{s \in J_3} (x - x_s)(z - z_s)^2 \partial_z \varphi_s(P) \, dV. \tag{31}$$

由 (3) 和 (4) 知

$$\sum_{s \in J_3} (x - x_s)(z - z_s)^2 \partial_z \varphi_s(P)$$
$$= (x - h)(z - h)^2 h^{-1}(4\mu_1 - 1) + (x - h)z^2 h^{-1}(1 - 4\mu_6)$$
$$+ \left(x - \frac{h}{2}\right)(z - h)^2 4h^{-1}\mu_3 + (x - h)(z - h)^2 4h^{-1}\mu_4$$
$$+ (x - h)\left(z - \frac{h}{2}\right)^2 4h^{-1}(\mu_6 - \mu_1) + \left(x - \frac{h}{2}\right)\left(z - \frac{h}{2}\right)^2 (-4h^{-1}\mu_3)$$
$$+ (x - h)\left(z - \frac{h}{2}\right)^2 (-4h^{-1}\mu_4)$$
$$= 2xz - \frac{3}{2}hx - 2hz + \frac{3}{2}h^2.$$

于是

$$I_3 = \frac{1}{3} \int_{e_3} \left(2xz - \frac{3}{2}hx - 2hz + \frac{3}{2}h^2\right) dV = -\frac{h^5}{720}. \tag{32}$$

最后

$$I_4 = \int_{e_4} \frac{1}{6} D^3(xz^2) \cdot \sum_{s \in J_4} (P - P_s)^3 \partial_z \psi_s(P) \, dV,$$

即

$$I_4 = \frac{1}{3} \int_{e_4} \sum_{s \in J_4} (x - x_s)(z - z_s)^2 \partial_z \psi_s(P) \, dV. \tag{33}$$

由 (5) 和 (6) 知

$$\sum_{s \in J_4} (x - x_s)(z - z_s)^2 \partial_z \psi_s(P)$$
$$= (x - h)(z - h)^2 h^{-1}(4\gamma_4 - 1) + (x - h)z^2 h^{-1}(1 - 4\gamma_8)$$
$$+ \left(x - \frac{h}{2}\right)(z - h)^2 4h^{-1}\gamma_3 + \left(x - \frac{h}{2}\right)\left(z - \frac{h}{2}\right)^2 (-4h^{-1}\gamma_3)$$

$$+(x-h)\left(z-\frac{h}{2}\right)^2 4h^{-1}(\gamma_8-\gamma_4)+(x-h)\left(z-\frac{h}{2}\right)^2 4h^{-1}\gamma_6$$

$$+(x-h)z^2(-4h^{-1}\gamma_6)$$

$$=2xz-\frac{3}{2}hx-2hz+\frac{3}{2}h^2.$$

于是

$$I_4=\frac{1}{3}\int_{e_4}\left(2xz-\frac{3}{2}hx-2hz+\frac{3}{2}h^2\right)dV=\frac{h^5}{240}. \tag{34}$$

由 (10), (30), (32) 和 (34) 可得 $I(xz^2)=0$, 即 $g(xz^2)=0$.

5. 当 $u=\chi=y^2z$ 时,

$$I_1=\int_{e_1}\frac{1}{6}D^3(y^2z)\cdot\sum_{s\in J_1}(P-P_s)^3\partial_z\phi_s(P)\,dV,$$

即

$$I_1=\frac{1}{3}\int_{e_1}\sum_{s\in J_1}(y-y_s)^2(z-z_s)\partial_z\phi_s(P)\,dV. \tag{35}$$

由 (1) 和 (2) 知

$$\sum_{s\in J_1}(y-y_s)^2(z-z_s)\partial_z\phi_s(P)$$

$$=y^2(z-2h)h^{-1}(4\lambda_2-1)+y^2(z-h)h^{-1}(1-4\lambda_3)$$

$$+\left(y-\frac{h}{2}\right)^2\left(z-\frac{3h}{2}\right)4h^{-1}\lambda_1+\left(y-\frac{h}{2}\right)^2(z-h)(-4h^{-1}\lambda_1)$$

$$+y^2\left(z-\frac{3h}{2}\right)4h^{-1}(\lambda_3-\lambda_2)+y^2\left(z-\frac{3h}{2}\right)4h^{-1}\lambda_4$$

$$+y^2(z-h)(-4h^{-1}\lambda_4)$$

$$=y^2-\frac{1}{2}hy.$$

于是

$$I_1=\frac{1}{3}\int_{e_1}\left(y^2-\frac{1}{2}hy\right)dV=-\frac{h^5}{720}. \tag{36}$$

此外,

$$I_3=\int_{e_3}\frac{1}{6}D^3(y^2z)\cdot\sum_{s\in J_3}(P-P_s)^3\partial_z\varphi_s(P)\,dV,$$

即

$$I_3 = \frac{1}{3}\int_{e_3}\sum_{s\in J_3}(y-y_s)^2(z-z_s)\partial_z\varphi_s(P)\,dV. \tag{37}$$

由 (3) 和 (4) 知

$$\sum_{s\in J_3}(y-y_s)^2(z-z_s)\partial_z\varphi_s(P)$$

$$=(y-h)^2(z-h)h^{-1}(4\mu_1-1)+(y-h)^2zh^{-1}(1-4\mu_6)$$

$$+\left(y-\frac{h}{2}\right)^2(z-h)4h^{-1}\mu_3+\left(y-\frac{h}{2}\right)^2(z-h)4h^{-1}\mu_4$$

$$+(y-h)^2\left(z-\frac{h}{2}\right)4h^{-1}(\mu_6-\mu_1)+\left(y-\frac{h}{2}\right)^2\left(z-\frac{h}{2}\right)(-4h^{-1}\mu_3)$$

$$+\left(y-\frac{h}{2}\right)^2\left(z-\frac{h}{2}\right)(-4h^{-1}\mu_4)$$

$$=y^2-\frac{3}{2}hy+\frac{1}{2}h^2.$$

于是

$$I_3 = \frac{1}{3}\int_{e_3}\left(y^2-\frac{3}{2}hy+\frac{1}{2}h^2\right)dV=\frac{h^5}{360}. \tag{38}$$

最后

$$I_4 = \int_{e_4}\frac{1}{6}D^3(y^2z)\cdot\sum_{s\in J_4}(P-P_s)^3\partial_z\psi_s(P)\,dV,$$

即

$$I_4 = \frac{1}{3}\int_{e_4}\sum_{s\in J_4}(y-y_s)^2(z-z_s)\partial_z\psi_s(P)\,dV. \tag{39}$$

由 (5) 和 (6) 知

$$\sum_{s\in J_4}(y-y_s)^2(z-z_s)\partial_z\psi_s(P)$$

$$=y^2(z-h)h^{-1}(4\gamma_4-1)+y^2zh^{-1}(1-4\gamma_8)$$

$$+y^2(z-h)4h^{-1}\gamma_3+y^2\left(z-\frac{h}{2}\right)(-4h^{-1}\gamma_3)$$

$$+y^2\left(z-\frac{h}{2}\right)4h^{-1}(\gamma_8-\gamma_4)+\left(y-\frac{h}{2}\right)^2\left(z-\frac{h}{2}\right)4h^{-1}\gamma_6$$

$$+\left(y-\frac{h}{2}\right)^2z(-4h^{-1}\gamma_6)$$

$$= y^2 - \frac{1}{2}hy.$$

于是

$$I_4 = \frac{1}{3}\int_{e_4}\left(y^2 - \frac{1}{2}hy\right)dV = -\frac{h^5}{720}. \tag{40}$$

由 (10), (36), (38) 和 (40) 可得 $I(y^2z) = 0$, 即 $g(y^2z) = 0$.

6. 当 $u = \chi = yz^2$ 时,

$$I_1 = \int_{e_1}\frac{1}{6}D^3(yz^2)\cdot\sum_{s\in J_1}(P - P_s)^3\partial_z\phi_s(P)\,dV,$$

即

$$I_1 = \frac{1}{3}\int_{e_1}\sum_{s\in J_1}(y - y_s)(z - z_s)^2\partial_z\phi_s(P)\,dV. \tag{41}$$

由 (1) 和 (2) 知

$$\sum_{s\in J_1}(y - y_s)(z - z_s)^2\partial_z\phi_s(P)$$
$$= y(z - 2h)^2h^{-1}(4\lambda_2 - 1) + y(z - h)^2h^{-1}(1 - 4\lambda_3)$$
$$+ \left(y - \frac{h}{2}\right)\left(z - \frac{3h}{2}\right)^2 4h^{-1}\lambda_1 + \left(y - \frac{h}{2}\right)(z - h)^2(-4h^{-1}\lambda_1)$$
$$+ y\left(z - \frac{3h}{2}\right)^2 4h^{-1}(\lambda_3 - \lambda_2) + y\left(z - \frac{3h}{2}\right)^2 4h^{-1}\lambda_4$$
$$+ y(z - h)^2(-4h^{-1}\lambda_4)$$
$$= 2yz - \frac{5}{2}hy.$$

于是

$$I_1 = \frac{1}{3}\int_{e_1}\left(2yz - \frac{5}{2}hy\right)dV = -\frac{h^5}{720}. \tag{42}$$

此外,

$$I_3 = \int_{e_3}\frac{1}{6}D^3(yz^2)\cdot\sum_{s\in J_3}(P - P_s)^3\partial_z\varphi_s(P)\,dV,$$

即

$$I_3 = \frac{1}{3}\int_{e_3}\sum_{s\in J_3}(y - y_s)(z - z_s)^2\partial_z\varphi_s(P)\,dV. \tag{43}$$

由 (3) 和 (4) 知

$$\sum_{s \in J_3} (y - y_s)(z - z_s)^2 \partial_z \varphi_s(P)$$

$$= (y - h)(z - h)^2 h^{-1}(4\mu_1 - 1) + (y - h)z^2 h^{-1}(1 - 4\mu_6)$$

$$+ \left(y - \frac{h}{2}\right)(z - h)^2 4h^{-1}\mu_3 + \left(y - \frac{h}{2}\right)(z - h)^2 4h^{-1}\mu_4$$

$$+ (y - h)\left(z - \frac{h}{2}\right)^2 4h^{-1}(\mu_6 - \mu_1) + \left(y - \frac{h}{2}\right)\left(z - \frac{h}{2}\right)^2 (-4h^{-1}\mu_3)$$

$$+ \left(y - \frac{h}{2}\right)\left(z - \frac{h}{2}\right)^2 (-4h^{-1}\mu_4)$$

$$= 2yz - \frac{3}{2}hy - 2hz + \frac{3}{2}h^2.$$

于是

$$I_3 = \frac{1}{3}\int_{e_3}\left(2yz - \frac{3}{2}hy - 2hz + \frac{3}{2}h^2\right) dV = -\frac{h^5}{360}. \tag{44}$$

最后

$$I_4 = \int_{e_4}\frac{1}{6}D^3(yz^2) \cdot \sum_{s \in J_4}(P - P_s)^3 \partial_z \psi_s(P)\, dV,$$

即

$$I_4 = \frac{1}{3}\int_{e_4}\sum_{s \in J_4}(y - y_s)(z - z_s)^2 \partial_z \psi_s(P)\, dV. \tag{45}$$

由 (5) 和 (6) 知

$$\sum_{s \in J_4}(y - y_s)(z - z_s)^2 \partial_z \psi_s(P)$$

$$= y(z - h)^2 h^{-1}(4\gamma_4 - 1) + yz^2 h^{-1}(1 - 4\gamma_8)$$

$$+ y(z - h)^2 4h^{-1}\gamma_3 + y\left(z - \frac{h}{2}\right)^2 (-4h^{-1}\gamma_3)$$

$$+ y\left(z - \frac{h}{2}\right)^2 4h^{-1}(\gamma_8 - \gamma_4) + \left(y - \frac{h}{2}\right)\left(z - \frac{h}{2}\right)^2 4h^{-1}\gamma_6$$

$$+ \left(y - \frac{h}{2}\right)z^2(-4h^{-1}\gamma_6)$$

$$= 2yz - \frac{1}{2}hy.$$

于是

$$I_4 = \frac{1}{3}\int_{e_4}\left(2yz - \frac{1}{2}hy\right) dV = \frac{h^5}{240}. \tag{46}$$

由 (10), (42), (44) 和 (46) 可得 $I(yz^2) = 0$, 即 $g(yz^2) = 0$.

7. 当 $u = \chi = x^i y^j$, $0 \leqslant i, j \leqslant 3$, 且 $i + j = 3$ 时, 在单元 e_1 上,

$$\partial_z R_1 = \frac{1}{6} D^3(x^i y^j) \cdot \sum_{s \in J_1} (P - P_s)^3 \partial_z \phi_s(P)$$

$$= C \sum_{s \in J_1} (x - x_s)^i (y - y_s)^j \partial_z \phi_s(P),$$

其中, $C = 1$ 或 $\frac{1}{3}$.

注意到插值形函数 $\phi_s(P)$, $s \in J_1$ 满足

$$\partial_z \phi_{1-2} + \partial_z \phi_{1-3} = 0, \qquad \partial_z \phi_{2-4} + \partial_z \phi_{3-4} = 0,$$
$$\partial_z \phi_2 + \partial_z \phi_3 + \partial_z \phi_{2-3} = 0, \quad \partial_z \phi_1 = \partial_z \phi_4 = \partial_z \phi_{1-4} = 0,$$

结合插值节点 P_s, $s \in J_1$ 的坐标易见 $\partial_z R_1 = 0$, 从而 $I_1 = 0$.

在单元 e_3 上,

$$\partial_z R_1 = \frac{1}{6} D^3(x^i y^j) \cdot \sum_{s \in J_3} (P - P_s)^3 \partial_z \varphi_s(P)$$

$$= C \sum_{s \in J_3} (x - x_s)^i (y - y_s)^j \partial_z \varphi_s(P),$$

其中, $C = 1$ 或 $\frac{1}{3}$.

注意到插值形函数 $\varphi_s(P)$, $s \in J_3$ 满足

$$\partial_z \varphi_{1-3} + \partial_z \varphi_{3-6} = 0, \qquad \partial_z \varphi_{1-4} + \partial_z \varphi_{4-6} = 0,$$
$$\partial_z \varphi_1 + \partial_z \varphi_6 + \partial_z \varphi_{1-6} = 0, \quad \partial_z \varphi_3 = \partial_z \varphi_4 = \partial_z \varphi_{3-4} = 0.$$

结合插值节点 P_s, $s \in J_3$ 的坐标易见 $\partial_z R_1 = 0$, 从而 $I_3 = 0$.

在单元 e_4 上,

$$\partial_z R_1 = \frac{1}{6} D^3(x^i y^j) \cdot \sum_{s \in J_4} (P - P_s)^3 \partial_z \psi_s(P)$$

$$= C \sum_{s \in J_4} (x - x_s)^i (y - y_s)^j \partial_z \psi_s(P),$$

其中, $C = 1$ 或 $\frac{1}{3}$.

注意到插值形函数 $\psi_s(P)$, $s \in J_4$ 满足

$$\partial_z \psi_{3-4} + \partial_z \psi_{3-8} = 0, \qquad \partial_z \psi_{4-6} + \partial_z \psi_{6-8} = 0,$$

$$\partial_z \psi_4 + \partial_z \psi_8 + \partial_z \psi_{4-8} = 0, \qquad \partial_z \psi_3 = \partial_z \psi_6 = \partial_z \psi_{3-6} = 0.$$

结合插值节点 P_s, $s \in J_4$ 的坐标易见 $\partial_z R_1 = 0$, 从而 $I_4 = 0$. 由此可得 $I(x^i y^j) = 0$, 即 $g(x^i y^j) = 0$, $0 \leqslant i, j \leqslant 3$, 且 $i + j = 3$.

综合 $1 - 7$, 我们得到当 χ 是 G 上的三次单项式时, $g(\chi) = 0$. 从而, 对任何 $\chi \in P_3(G)$, 都有

$$g(\chi) = 0.$$

(2.126) 得证.